# 人工智能实施指南

## ——企业识别及应用 AI 的方法与途径

［英］安德鲁·伯吉斯（Andrew Burgess） ｜ 著

杨晓芳　胡　波 ｜ 译

机 械 工 业 出 版 社

本书作者根据其专业见解诠释了企业实施人工智能的意义。全书分 10 章，从理论、行业案例、应用指南、困难挑战及未来发展等方面介绍了企业将自动化和人工智能思维转变成行动的方法和战略。书中讨论了如何正确对待对人工智能的过度炒作，介绍了人工智能的历史，将理论与实践相结合，讲解了人工智能能力框架及相关的技术和全球各行业的应用案例，阐述了把人工智能应用于企业的方法，包括所使用的工具和行动指南，详述了搭建人工智能平台及其相关的方法论，阐明了人工智能在除收益之外的问题和挑战、人工智能和其他自动化技术相结合的产业化，并预测了人工智能的未来发展前景。

　　本书能够助力企业更好地优化现有的产品、服务和流程，并为企业的未来发展提供新思路，可供从事人工智能应用的企业管理者、技术人员参考。

First published in English under the title

The Executive Guide to Artificial Intelligence：How to identify and implement applications for AI in your organization

by Andrew Burgess

Copyright © Andrew Burgess，2018

This edition has been translated and published under licence from Springer Nature Switzerland AG.

Simplified Chinese Translation Copyright © 2025 China Machine Press. This edition is authorized for sale in the Chinese mainland（excluding Hong Kong SAR, Macao SAR and Taiwan）.

此版本仅限在中国大陆地区（不包括香港、澳门特别行政区及台湾地区）。未经出版者书面许可，不得以任何方式抄袭、复制或节录本书中的任何部分。

北京市版权局著作权合同登记：图字 01-2020-4865 号。

## 图书在版编目（CIP）数据

人工智能实施指南 ：企业识别及应用AI的方法与途径 /（英）安德鲁·伯吉斯（Andrew Burgess）著 ；杨晓芳，胡波译. -- 北京 ：机械工业出版社，2024. 12.（人工智能系列）. -- ISBN 978-7-111-77021-3

　　I. TP18

　　中国国家版本馆CIP数据核字第2024RZ0290号

机械工业出版社（北京市百万庄大街22号　邮政编码100037）
策划编辑：孔　劲　　　　　　　　责任编辑：孔　劲　李含杨
责任校对：李　婷　薄萌钰　　　封面设计：张　静
责任印制：单爱军
保定市中画美凯印刷有限公司印刷
2025 年 1 月第 1 版第 1 次印刷
148mm × 210mm · 7.125 印张 · 176 千字
标准书号：ISBN 978-7-111-77021-3
定价：79.00 元

电话服务　　　　　　　　　　网络服务
客服电话：010-88361066　　机　工　官　网：www.cmpbook.com
　　　　　010-88379833　　机　工　官　博：weibo.com/cmp1952
　　　　　010-68326294　　金　书　网：www.golden-book.com
**封底无防伪标均为盗版**　　机工教育服务网：www.cmpedu.com

谨以此书

献给我的贤妻梅格和我们两个了不起的孩子詹姆斯和查理。

# 译者序

人工智能（Artificial Intelligence，AI）被人们称为"第四次工业革命"，如今正是这项新技术高速发展的重要阶段。

本书作者安德鲁·伯吉斯（Andrew Burgess）是一名经验丰富的管理顾问。在本书中，他根据专业见解诠释了为什么现在是人工智能应用的最好时机，并向读者介绍了如何将自动化和人工智能思维转变成行动的方法。本书能帮助企业的管理者进一步从理论、行业案例、执行指南、困难挑战以及未来发展等方面去了解人工智能应用，从而让企业更好地优化现有的产品、服务和流程，而且可以为企业的未来发展带来新的思路。本书有大量的人工智能应用案例，有些是我们工作生活中正在应用的，所以本书也为广大对人工智能感兴趣的读者打开一扇窗户，让我们了解到人工智能在我们身边无处不在。

本书共分为 10 章，第 1 章介绍了一直存在的对人工智能的过度炒作问题，以及我们应该如何正确地对待这个现象。第 2 章介绍了人工智能的现状，着重阐述了为什么现在正是它高速发展的重要阶段。第 3 章到第 5 章详细介绍了人工智能能力框架及相关的技术和全球各行业的应用案例，理论结合实践，也是全书的精华的开始。从第 6 章起，作者开始介绍如何把人工智能应用到自己的企业中，包括需要使用的工具和行动指南。第 7 章的原型设计中，详细介绍了如何构建人工智能平台及其相关的方法论。在第 8 章中，作者把人工智能收益之外的问题和挑战罗列出来，希望读者对它的风险保持警惕。第 9 章介绍了把人工智能和其他自动化技术组合起来的产业化。第 10 章，作者预测了人工智能的未来发展前景。

另外，作者在每章的最后部分，都增加了访谈环节，记录了他与人工智能行业参与者的对话，他们包括学者、创业者、供应商、用户、顾问、伦理学家、数据科学家等，这些人以各自不同的角色和视野，对读者感兴趣的话题进行了探讨，是非常有意思的部分。

由于时间仓促和译者水平有限，书中难免存在不当之处，请读者多多包涵并指正。感谢机械工业出版社对我的信任，特别感谢孔劲编辑的耐心指导和沟通，对本书的编辑和校对等工作人员也一并致以真诚的感谢！

杨晓芳

# 前　言

　　我很清楚地记得在大学学习计算机科学时，我们做的人工智能工作是多么与众不同和令人着迷，当然现在看来也是如此。当时我们可以任选主题，然后为之编写一个人工智能程序，这是一个非常开放的挑战。我选择和决定编写的程序能告诉你照片中的建筑是独栋、公寓还是平房。虽然听起来有些不切实际，但对我来说那是一次很好的学习经历，尤其对我在理解人工智能与传统软件的不同方面很有帮助。

　　虽然我的大学时代已经过去了很多年，但从那时开始，计算机学习的概念就一直吸引着我，我也一直在思考人工智能真正产生广泛影响还需要多长时间。近年来，我们看到了人工智能方面的许多巨大进步，这些进步体现在：数据处理能力、通过传感器和物联网收集大数据、云服务、云存储和无处不在的连接技术等，当然还有其他更多方面。这些技术上的飞跃意味着，现在正是人工智能高速发展的大好时机（译者注：我们具备了获取充足高质量数据的能力，当下万事俱备）。我坚信，在未来几年内，我们将看到人工智能的应用大幅增加。

我们称现在使用的人工智能为狭义人工智能，因为它可以在数千项相对狭隘的任务中表现出色（例如进行互联网搜索、下围棋或识别欺诈性交易）。而对于"通用人工智能"，如果它能够在几乎每一项任务中超越人类，那将会十分令人兴奋，不过我们根本不知道那会在什么时候实现，也不知道那时的世界会是什么样子。在那个时刻到来之前，如何应用人工智能来解决家庭和工作中的日常问题，才是最让我感到兴奋的事情。

那么人工智能为什么很重要，我们又该如何使用它呢？首先，如果你没有耐心在计算机上做一些需要花费大量时间的事情，即一些很小的、手动的、重复性的工作，可能希望计算机能未雨绸缪地预知到这些需求并更好地完成这些工作。如果可以的话，我更愿意求助亚马逊的 Alexa（搜索和排名引擎）或谷歌的 Google 助理，告诉它我想做什么，例如我希望能够通过 Alexa 便捷地买到火车票，并从我的账户中扣款，与此相比，我如果在网站上购买火车票，要经过大约 50次按键操作，才可能买到一张票。我认为，未来的人会变得越来越没有耐心来做这些简单而费时的事情。于我本人而言，我希望我的孩子们和其他同龄人会有更多的"思考时间"来专注于这些日常任务之外的事情。事实上，人工智能可能会解放我的孩子们的大量时间，比如让他们终于有时间去收拾自己的卧室。

在工作场所中，一个呼叫中心有多少电子邮件、电话和信件是通过人工智能处理的呢？在维珍火车西海岸公司，我们使用人工智能处理客户邮件的时间比之前人工处理的时间减少了 85%，这使得我们的员工能够专注于公司的人性化客户服务工作。随着我们更好地开发对话界面、深度学习和流程自动化等领域，我们的生活会越来越好，这一点是毫无疑问的。可以想象，类似的发展将彻底革新业务的每一个部分，比如我们如何雇佣员工，如何衡量市场营销活动的有效性等。

那么，实施人工智能遇到的挑战是什么呢？在维珍火车西海岸公司时，我脑海中闪现的一个问题就是，如何在交互中正确地把握"语气"。我们的员工是大胆、有趣、富有同情心的，我们的客户期望我们在每个渠道都能做到这样，包括由人工智能驱动的对话界面。

今天，如果你的计算机崩溃了，这可能只是一个小的麻烦，但如果一个人工智能系统控制着你的汽车、你坐的飞机或你的心脏起搏器，一旦出错，后果将是灾难性的。对于这种能够学习和有着很强适应能力的软件系统，我们需要了解在它们出错时的责任在哪里，这既是技术上的挑战，也是道德上的挑战。除此之外，还有数据隐私、个性化推荐，以及由于自动化可以完成越来越多的工作而产生的一些对社会的影响等问题。

尽管面临很多挑战，但对这一技术的未来我仍感到无比兴奋，而人工智能正是这场"革命"的核心。我认为在不久的将来，人工智能将使我们的工作变得更加有效率，也将使我们的生活变得更加健康和快乐，它会改变世界，使世界变得更加美好。

为了充分利用这些机会，企业需要人才来了解这些新兴技术，从而游刃有余地应对这些挑战。如果你希望了解人工智能这种变革性的技术以及它将如何影响你的业务，本书则是必不可少的读物。

约翰·沙利文（John Sullivan）

维珍火车西海岸公司的首席信息官和创新专家

# 致　谢

以下人员为本书提供了宝贵意见、内容和灵感，特此感谢！

Andrew Anderson，Celaton

Richard Benjamins，Axa

Matt Buskell，Rainbird

Ed Challis，Re：infer

Karl Chapman，Riverview Law

Tara Chittenden，The Law Society

Sarah Clayton，Kisaco Research

Dana Cuffe，Aldermore

Rob Divall，Aldermore

Gerard Frith，Matter

Chris Gayner，Genfour

Katie Gibbs，Aigen

Daniel Hulme，Satalia

Prof.Mary Lacity，University of Missouri-St Louis

Prof.Ilan Oshri，Loughborough University

Stephen Partridge，Palgrave

Mike Peters，Samara

Chris Popple，Lloyds Bank

John Sullivan，Virgin Trains

Cathy Tornbaum，Gartner

Vasilis Tsolis，Congnitiv+

Will Venters，LSE

Kim Vigilia，Conde Naste

Prof.Leslie Willcocks，LSE

Everyone at Symphony Ventures

# 目　录

# 第 **1** 章

# 正确看待过度炒作

## 1.1 引言

现在阅读任何一份时事报纸或期刊，都很可能会发现一些关于人工智能（Artificial Intelligence，AI）的文章，该类文章通常会提及自被发明以来，人工智能这种神秘的技术是如何成为对人类的最大威胁的。与此同时，真正创造人工智能应用的公司却在大肆宣扬他们的技术，描述人工智能将如何改变人们的生活，他们在夸张的营销迷雾中模糊了人工智能的真正价值。然而对除开发者以外的人来说，实际的人工智能技术是一个集数学、数据和计算机技术的嵌合体，它似乎是一门黑色的艺术，也难怪企业高管们会困惑于人工智能到底能为他们的企业做什么？人工智能究竟是什么？它的作用是什么？它将如何使我的业务受益？我应该从哪里开始起步？到目前为止，所有这些问题都是有意义的，但却至今没有被真正解答，本书将试图直接给出解决这些问题的答案。

从广泛的意义上讲，人工智能将对我们的业务经营方式产生根本性的影响，这一点是毋庸置疑的。它将改变我们的决策方式，使我们能够创造全新的商业模式，做一些以前从未想过的事情，但它也将取代目前许多知识工作者所做的工作，并回报那些早期使用和有效使用人工智能的人群。总之，人工智能既是一个巨大的机会，也是一个威胁，它包裹在一堆令人困惑的算法和专业术语中。

但是，这场技术革命并不是发生在未来的，也不是只涉及少数企业的理论练习，如今企业就在使用人工智能来增进、改善和改变其工作方式，一些开明的高管们已经在研究如何让人工智能为企业增加价值，他们寻求了解所有不同类型的人工智能，并研究如何降低由人工智能带来的不可避免的风险。人工智能工作的发起者把这些工作成果当作秘密，要么是因为他们不希望人工智能在其产品或服务中的应用广为人知，要么是因为他们不想泄露人工智能所赋予的竞争优势。对于那些想要掌握人工智能的高管们来说，如果不想求助于虚幻的文章，也不想听取供应商的夸大其词，或不想试图理解各种算法，那么他们持续面对的挑战就是从哪里可以找到所有这些相关信息。人工智能牢牢地站在"未知"的舞台上，时刻提醒着我们：我们所知道的还远远不够！

人们一般都是作为消费者来初次体验到人工智能的，我们所有的智能手机都可以使用复杂的人工智能，无论是 Siri、Cortana 还是 Google 助理。有些家庭现在通过亚马逊的 Alexa 和谷歌家庭（Google Home）启用了人工智能，所有这些都让人们变得更容易组织生活，而且可以笼统地说，人工智能做得很好。但目前人工智能的使用其实非常有限，它们中的大多数都依靠其自身所具备能力，来将语音转化为文字，然后将这些文字转化为有意义的行动，一旦确定了意图，剩下的任务就是非常标准的自动化操作了：查询天气预报、获取火车发车时间、播放歌曲等。而且，虽然语音识别和自然语言理解（Natural Language Understanding，NLU）能力所实现的功能非常厉害，但人工智能的应用远不止于此，它可以广泛应用到业务领域。

人工智能可以在几分钟内阅读数千份法律合同，并从中提取出所有有用的信息；它可以比放射科医生更准确地识别癌症和肿瘤；它可以在信用卡欺诈行为发生之前识别出欺骗；它可以在没有司机的情况下驾驶汽车；它可以比人类更有效地运行数据中心；它可以预测客户（和员工）何时会弃你而去；最重要的是，它可以根据自己的经验进行学习和进化。

但是，在企业高管们用最简单的术语了解和明白人工智能是什么，以及它如何帮助自己的业务之前，人工智能是永远无法发挥其所有潜能的。对于那些有远见地使用和利用这项技术的人群，不仅需要知道人工智能能够做什么，还要知道他们自己需要做什么，然后才能把事情做起来，这也是本书的使命。在本书的 10 章中，我将设定一个框架，来帮助读者掌握人工智能的八大核心能力，并将相关的真实商业案例与其中的每一个核心能力联系起来。我将提供途径、方法和工具，让读者以最高效快捷的方式开启人工智能之旅。我还会给读者提供一些借鉴并介绍一些访谈和案例研究，其中的主角是实施人工智能的企业领导者们、成熟的人工智能供应商们以及以聚焦于人工智能实际应用工作的学者们。

## 1.2　人工智能框架介绍

在过去的几年里，为了能够理解人工智能领域的大量正确信息、错误信息和营销信息，我开发了一个人工智能框架。我既不是计算机编码人员，也不是人工智能开发人员，所以我需要把人工智能的世界用一种特定的语言表达出来，让像我这样的商业人士能够理解。而实际上，那些人工智能的文章中使用了相当具体的术语，其目的是解释人工智能，但人们读到这些文章后，只会感到比以前更加困惑。

尽管人工智能、认知自动化和机器学习是完全不同的事情，但在这些文章中常交替使用着这些术语，我对于这种机械的用法感到十分沮丧。

作为管理顾问，我的工作是为企业制订自动化策略。通过阅读大量的关于该主题的论文，并与其他从业者和专家进行交流，我设法将所有现有的信息归纳为人工智能的八大核心能力：图像识别、语音识别、搜索、聚类、自然语言理解、优化、预测和理解。理论上，任何人工智能应用都可以与其中一种或多种能力相关联。

其中，前四项核心能力都与捕捉信息有关：从非结构化数据，或者大数据中获取结构化数据，这些捕捉信息类别在当今已经非常成熟了。当前每一种能力都有很多应用的例子：当我们拨打自动应答热线时，会遇到语音识别应用；当我们对照片进行分类时，会有图像自动识别应用；当我们发邮件抱怨火车晚点时，会有进行阅读和分类的搜索功能的应用；当我们每次从在线零售商那里购买商品时，会有聚类的应用把我们归入"志同道合"的群体中。人工智能有效地捕捉着我们提供给它的所有这些非结构化的大数据，并将其转化为有用的信息（或者说是侵入性的，这取决于你的观点，但这是本书后面要详细讨论的话题）。

第二组中的自然语言理解、优化和预测能力通常是利用刚刚捕获到的那些有用的信息，来试图找出正在发生的事情。它们的成熟度稍低一些，但在我们的日常生活中还是都有应用的。自然语言理解把语音识别数据变成有用的东西，也就是说，当一些单独的词语放在一起组成一个句子时，它们到底是什么意思？优化能力（包括解决问题和关键要素规划）涵盖的用途广泛，例如计算出你家和工作地点之间的最佳路线；预测能力会基于我们的行为和偏好来尝试计算下一步可能发生的事情：如果我们买了一本关于早期日本电影的书，那么我们很可能会想购买关于黑泽明（日本知名电影导演）的其他书籍。

　　一旦进入理解阶段，就会发现完全是另外一番景象了。要理解事情发生的原因，确实需要认知，而这需要有很多输入，需要借鉴很多经验，并将这些经验概念化为模型，应用于不同的场景和用途。人类大脑极其擅长这些事情。但到目前为止，人工智能是根本做不到的。前面所有关于人工智能能力的例子都是非常具体的（通常称这些为狭义人工智能），但要实现理解，是需要通用人工智能的，而这在我们的大脑之外还不存在。众所周知，通用人工智能是人工智能研究者追求的终极目标，但现阶段它仍然是非常理论化的，我将在最后一章讨论人工智能的未来时对其进行介绍。本书作为当今业务中人工智能的实用指南，本质上将关注那些狭义人工智能能力，因为现在它们是可以实现的。

　　从我已经举出的一些例子中，你应该意识到，当在业务工作中使用人工智能时，通常是以这些单个能力串联起来的组合来实现的。一旦理解了这些单个能力，就可以将它们结合起来，为业务上的问题和挑战创造出有意义的解决方案。例如，打电话给银行申请贷款，我最终可能会和机器说话而不是和人说话，在这种情况下，人工智能首先会把我的声音转变成单个单词（语音识别），推测我想要的是什么（自然语言理解），并决定我是否能得到贷款（优化），然后问我是否想了解更多关于汽车保险的信息，因为像我这样的人往往需要贷款买车（聚类和预测）。这个过程相当复杂，它借助了关键的人工智能能力，而且该过程完全不需要人的参与。并且客户得到了很好的服务（该服务日夜无休，电话直接接听，及时回应查询），这个过程对企业来说高效快捷（运营成本低，决策有一致性），销售额也有可能增加（交叉销售附加产品）。所以，把各种能力结合在一起将是从人工智能中提取最大价值的关键。

因此，人工智能框架提供了一个基础，来帮助我们了解人工智能到底能做什么（并戳破营销宣传炒作的噱头），同时也帮助我们将其应用于真正的业务问题上。有了这些知识，我们将能够回答以下问题：人工智能将如何帮助提高客户服务质量？它将如何让业务流程更加高效？以及它将如何帮助我们做出更好的决策？人工智能可以帮助回答所有这些有意义的问题，我会在本书中详细展开。

## 1.3　人工智能定义

有趣的是，在我目前所举的大多数例子中，人们往往没有意识到他们实际上是在和人工智能打交道，例如在卫星导航中规划路线，或者在浏览器中对一个短语进行翻译，现在这些应用其实无处不在，以至于我们都忘记了实际上一些真正厉害的事情是在后台发生的。这就引起了一些关于人工智能的诙谐定义：有人说它是二十年后会发生的事情，还有人说只有当它看起来像电影里那样时，才是人工智能。但是，对于一本关于人工智能的书来说，我们确实需要一个简明的定义来作为依据。

不出所料，我找到的关于人工智能最有用的定义来自《牛津英语词典》，其中阐述：人工智能是"一种计算机系统的理论和发展，它能够执行通常需要人类智能的任务"。这个定义有点绕口，因为它包含了"智能"这个词，而这只是又提出了一个问题：什么是智能？但在这里我们不打算讨论这个哲学辩论。

另一个关于人工智能的定义可以说是相当有用的，来自吴恩达（Andrew Ng），他曾是中国社交媒体公司百度的人工智能负责人，人们称他为人工智能世界里的"摇滚明星"。他认为，凡是人类需要一秒钟以内处理的认知过程，都是人工智能的潜在候选过程，现在随着技术越来越先进，这个数字可能会随着时间的推移而增加，但就目前而言，它给我们提供了一个关于人工智能能力的有用基准。

另一种看待人工智能的方式可以追溯到技术的最初期，也是一个非常基本的问题：这些非常"聪明"的技术是应该寻求取代人类正在做的工作，还是应该寻求扩展人类的工作？有一个著名的故事是关于人工智能的两位"创始人"马文·明斯基（Marvin Minsky）和道格拉斯·恩格尔巴特（Douglas Engelbart）的，他们都来自麻省理工学院。马文·明斯基宣称："我们要让机器变得智能，我们要让机器变得有意识！"然后据报道，道格拉斯·恩格尔巴特回答说："你要为机器做这些事？那你要为人类做什么？"至今这场争论仍在进行，这也是有一些"机器人将接管世界"的标题党出现的原因，我在本章的开始讨论过这个话题。

## 1.4　人工智能对就业的影响

很明显，人工智能作为更广泛的自动化运动的一部分，将对就业产生严重影响。有一些人工智能应用，如聊天机器人，是可以直接替代呼叫中心工作人员的。机器人能够在几秒钟内阅读数千份文件，并提取所有有意义的信息，这种能力会替代会计师和初级律师所做的很大一部分工作。但同样，人工智能也可以扩展这些群体所做的工作。在呼叫中心，认知推理系统可以提供即时和直观的访问，使工作人员获得工作所需的所有知识，即使这是他们第一天上班，也就是说，人类代理可以专注于在情感层面上与客户打交道，所需的知识可由人工智能提供。会计师和初级律师将有时间正确分析人工智能传递给他们的信息，而不用花费数小时来整理数据和研究案例。

人工智能对就业产生的净影响到底是正面的还是负面的，是一个很有争议的问题，关键在于自动化创造的工作岗位是否多于它破坏的工作岗位。我们回顾一下 20 世纪末的"计算机革命"，那场革命本应预示着生产力的大幅提高和相关工作岗位的减少，但现在我们知道，当时生产力的提高幅度也并没有人们预测的那么大（个人计算机比最初想象的更难使用），实际上计算机本身也催生了全新的产业，比如电脑游戏、电影流媒体。而且，就像今天的机器人技术一样，即使高端的技术取代了部分人类的工作，但我们仍然需要设计、制造、营销、销售、维护、监管、修理、升级计算机，以及处置报废的计算机。

当然，最大的问题是，自动化的相关活动加上它创造的新活动带来的收益，是否会超过取代一些工作岗位引起的损失。我骨子里是个乐观主义者，我个人的观点是，我们最终能够适应这种新的工作，但要经历一个痛苦的过渡期。

因此，关键因素在于变革的速度和步伐，目前所有的指标都表明，未来几年变革速度只会越来越快。很明显，自动化尤其是人工智能，将会对我们生活的方方面面产生巨大的颠覆性影响，这些影响大部分都是好的，但也会有一些真正挑战我们道德和伦理的问题。由于本书是实施人工智能的实用指南，我将在书的最后更详细地探讨这些问题，本书的主要重点还是侧重于现在实施人工智能的益处和挑战。

## 1.5 技术概述

人工智能背后的技术非常"聪明"。它的核心是算法，即一连串的指令或一套规则，完成一项任务需要遵循这些指令或规则，所以它可以简单地类比为一个食谱或一张铁路时间表。但为人工智能提供动力的算法，本质上是非常复杂的统计模型。这些模型使用概率来帮助从一系列输入中找到最佳输出，有时还附加特定的目标（例如，如果一个顾客看了这些电影，那么他们可能还想看什么电影？）。本书当然不是要解释底层的人工智能技术，事实上，我会刻意避免使用技术术语，但还是有必要解释一些支撑技术的原理。

　　人工智能技术的分类方式之一是"监督学习"和"无监督学习"。监督学习是这两者中最常见的方法，指的是使用大量数据对人工智能系统进行训练。例如，如果你想拥有一个能够识别狗的图片的人工智能系统，那么你要向它展示成千上万张图片，这些图片中有些有狗，有些没有狗。最关键的是，所有的图片都会被贴上"是狗的图片"或"不是狗的图片"的标签。利用机器学习（这是我稍后会讲到的一种人工智能技术）和所有的训练数据，系统可以学习到狗的内在特征，然后它可以在另一组类似的已经被标记的数据上进行测试（这次的标签没有透露给系统）。如果人工智能系统已经被训练得足够好，系统将能够识别图片中的狗，也能正确识别没有狗的图片。然后，就可以将其投入实用中。如果使用"我的照片里有狗吗？"应用程序的用户能够在系统判别图片正确与否时进行反馈，那么系统将在使用过程中继续学习。监督学习一般用于输入数据是非结构化或半结构化的情况，例如图像、声音和文字（体现我搭建的人工智能框架中的图像识别、语音识别和搜索能力）。

　　在无监督学习中，系统开始时只是一个非常巨大的毫无意义的数据集，不过人工智能可以做的是在数据中发现相似点的集群。此时人工智能对数据的含义一无所知，它所做的就是在大量的数字中寻找模式。这种方法最大的好处是，用户也可以很"天真"，他们不需要知道自己在寻找什么，也不需要知道这些有什么关联，所有这些工作都由人工智能来完成。一旦确定了聚类，就可以对新的输入进行预测。

所以，举个例子，我们可能希望能够计算出某个街区的房子的价值。一所房子的价格取决于许多变量，如地理位置、房间数量、卫生间数量、房龄、花园大小等，所有这些因素都使我们难以预测其价值。但是，这些变量之间肯定有一些复杂的联系，只要我们能把它研究出来就好了。而这正是人工智能要做的。我们给人工智能系统输入足够多的基础数据，包括每一个变量以及实际价格，然后，系统使用统计分析来找到所有的联系，一些变量可能对价格有很强的影响，一些变量也可能和价格完全不相关。然后，你可以输入同样的变量，在价格未知的情况下，系统将能够预测价格。这次输入的数据是结构化数据，但创建的模型实际上是一个"黑匣子"。这种明显缺乏透明度的情况是人工智能的一个致命弱点，但我们是可以管理和控制这个弱点的，我将在本书后面讨论它。

除了以上两种学习类型，我将在这里简单介绍一下其他与人工智能相关的术语。不过对于企业高管来说，他们只需要在浅层次上理解这些就可以。"神经网络"是用来描述一般方法的术语，在这种方法中，人工智能模仿大脑处理信息的方式为：许多"神经元"（以大脑为例，有 1000 亿个）以不同程度的强度相互连接，其连接强度可以随着大脑 / 机器的学习而变化。

举个非常简单的例子，在上面的狗图片识别应用程序中，"黑鼻子"神经元会对"狗"神经元产生强烈的影响，而"角"神经元则不会。所有这些人工神经元都是层层连接在一起的，每一层都会提取越来越高的复杂度。这就产生了深度神经网络（Deep Neural Networks，DNN）一词。机器学习，即由机器自己创建模型，而不是人类创建代码（如我上面举的例子），使用的是深度神经网络。所以，把这些术语看作同心圆：人工智能是包罗万象的技术，其中机器学习是由深度神经网络来实现的一个核心方法。

显然，在人工智能领域还有很多常用的术语，包括决策树学习、归纳逻辑编程、强化学习和贝叶斯网络，但只有在绝对必要的情况下，我才会提及这些术语。现在希望你能明白，本书的重点是人工智能的业务应用，而不是其底层技术。

## 1.6　关于本书

作为管理顾问，我利用工作经验来帮助组织应对时代的挑战，从提升生产力，到变革管理和转型，再到外包和机器人流程自动化，以及现在的人工智能。2001 年，我在工作中第一次真正接触到人工智能，当时我在一家全球保险公司的企业风险投资部门担任首席技术官。我的职责是确定我们可以投资的新技术，并将其引入公司内部，然后使公司成为这些技术的"基础客户"，这就是我们过去所说的"孵化器"模式。其中一项我们投资的技术是基于"智能代理人"的理念，它可以作为一个优化引擎，每个代理人都有一个特定的目标，并与其他代理人进行"谈判"，以集思广益。因此，举例来说，系统可以决定货车通过港口的最有效方式，或者从报纸广告的尺寸和排版中，获取最佳方式来得到最大收益。虽然当时我们并没有把它称为人工智能，但这实际上就是人工智能的本质：利用计算机算法为实际问题找到最佳解决方案。

快到 2017 年的时候，我的工作重点几乎完全集中在人工智能上。我与各企业合作，帮助他们创建人工智能战略：识别人工智能的机会，寻找合适的解决方案或供应商，并创建实施的蓝图。我不是作为一个技术专家来做这件事，而是作为一个了解人工智能的能力以及这些能力如何应对商业挑战和机遇的人来做这项工作。有很多比我聪明得多的人可以创建算法和设计实际的解决方案，但这些人很少了解业务的商业性质。我把自己看作技术专家和业务之间的"翻译官"，而对于人工智能来说，翻译技术的挑战要比传统信息技术的挑战大上几个数量级，这就是我想写这本书的原因：把这种理解带到可以最好地应用它的地方，也就是在业务的第一线上使用它。

所以，这本书并不描写关于十年或二十年后人工智能和机器人的理论影响，当然也不描写如何开发人工智能算法，这本书献给人工智能从业者们，献给那些想用人工智能让自己的企业更有竞争力、更有创新性、更有未来感的人们。只有当企业领导者和高管们了解这项技术的能力是什么，以及如何以实际的方法应用它时，才能实现上述的那些想法。这也就是本书的使命：尽可能地使你了解人工智能，但又不为技术所拖累，这样才能为你的业务做出最佳决策。同时，这也是一个发自内心的呼吁：无论你读到或听到什么关于人工智能的消息，都不要相信那些过度的宣传和炒作。

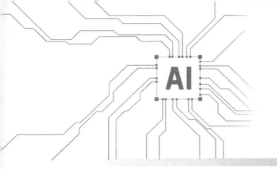

# 第 2 章

# 人工智能现状

## 2.1　人工智能简史

对于现在接触人工智能的人来说，这项技术是在互联网和"大数据"的背景下产生的，它是一个似乎相对比较新的技术。其实人工智能的历史可以追溯到五十多年前，包括停滞期（通常称其为"人工智能寒冬"）以及加速期。如今人工智能是大势所趋，为了本书能更好地介绍它的发展，很值得给读者们介绍一下人工智能简史。

上一章我提到了两个人，马文·明斯基（Marvin Minsky）和道格拉斯·恩格尔巴特（Douglas Engelbart），他们是人工智能一些关键创始人之中的两个。他们最初都在美国波士顿的麻省理工学院工作，但创造"人工智能"这个词的人是斯坦福大学的约翰·麦卡锡（John McCarthy）教授。约翰·麦卡锡创建了斯坦福人工智能实验室（SAIL），该实验室成为美国西海岸人工智能的重点领域。当时驱动人工智能的技术与今天的神经网络相比会显得很初级，对于任何一个基本了解技术的人来说，那肯定不能算是人工智能，但它至少达到了一个非常基础的水平，也确实符合我们之前提到的它的定义：是一种计算机系统的理论和发展，它能够执行通常需要人类智能的任务。

在人工智能的早期发展中，很多工作都是围绕着"专家系统"进行的。我并不想贬低这些方法（今天仍在使用它们，而且很多都打着人工智能的幌子）。专家系统其实不过是"如果这样，那么那样"的工作流程。程序员会用一系列的分支和循环来阐述被建模区域的知识，每个分支都取决于用户的输入或规则。例如，在设计一个模拟推荐银行账户过程的系统中，会询问用户一系列问题（就业状况、收入、储蓄等），每一个答案都会将这个过程发送到不同的分支，直到得出结论。而且，因为这本质上是在执行一项"通常需要人类智能"的任务，所以在当时认为这就是人工智能。而放到今天，因为这种系统不具备任何自我学习能力，所以它不会真正通过考验，自我学习能力是定义人工智能的一个关键方面。

有趣的是，即使是现在，许多在互联网上泛滥的聊天机器人也在使用同样的方法。其中大多数的聊天机器人都声称使用了人工智能，有些确实如此，但许多应用都是被动的决策树。有很多在线聊天机器人平台（大多数是免费使用的），允许你使用这种方法创建自己的机器人，而且对于简单的流程来说，它们做得很合乎情理（实际上，我不久前花了大约半天时间建立了自己的机器人，尽管它是非常基本的，但我证明了一个非技术人员是可以完成这件事的，而且实际即使涉及了人工智能，也是非常少的一部分）。

历史上有几次"人工智能寒冬"，当时人工智能的进步停滞了好几年，有两次停滞是由于过度膨胀的期望和资金撤出造成的。

第一次人工智能寒冬发生在 1974 年到 1980 年之间，由三个事件引发：第一个事件是，1973 年詹姆斯·莱特希尔（James Lighthill）爵士为英国政府撰写了一份报告，在报告中他批评了人工智能界设立了"宏伟目标"却未能达成这些目标；第二个事件是，美国《曼斯菲尔德修正案》要求高级研究计划局（ARPA，现在称为 DARPA）只资助有明确任务和目标的项目，特别是与国防有关的项目，而当时的人工智能无法满足这些要求；第三个事件是，ARPA 的一个允许战斗机飞行员与他们的飞机对话的关键项目貌似失败了。这些事件导致研究人工智能所需的大部分资金被撤回，人工智能变得不合时宜。

第二次人工智能寒冬从 1987 年持续到 1993 年。1985 年，企业投资了数十亿美元在"专家系统"这项技术上，而该系统并未满足他们过度膨胀的期望。就像我上面描述的我自己的聊天机器人经历一样，最终证明很难建立和运行专家系统。20 世纪 90 年代初，由于投资过于昂贵，人工智能很快就失去了青睐并被淘汰，相关的硬件（称为 Lisp 机）市场也崩溃了。日本在 1981 年有一项耗资 8.5 亿美元的计划，旨在开发"第五代计算机"，使其能够"像人类一样进行对话、翻译语言、解释图片和进行推理"，但直到 1991 年，该计划仍未实现任何目标（有些目标在 2017 年仍未实现）。作为对日本努力的回应，DARPA 又在 1983 年开始资助美国的人工智能项目，但在 1987 年，当时美国由其信息处理技术办公室的新领导层负责指导人工智能、超级计算和微电子项目的工作和资金，他们得出了一个结论：人工智能"不是下一个浪潮"，因而这个项目又被撤销了，他们将专家系统简单地视为"聪明的编程"（事后看来，它们确实非常接近）。

我之所以要稍微详细地谈论这些人工智能的寒冬，是因为有一个显而易见的问题，那就是目前人工智能的繁荣是否只是另一种过度夸大预期的情况，这将会导致人工智能经历第三个寒冬阶段。正如我在上一章中所提到的，市场营销机器和行业分析师们对人工智能以及它的能力的理解完全是一团糟的，如果大家开始相信舆论所说和所写的一切，那么人们就会对人工智能抱有非常高的期望值，同时业务将面临灾难性的打击。因此，我们需要了解是什么在推动着当前的这股浪潮，以及这次的情况为什么可能有所不同。

　　从技术的角度来看，目前你真正需要知道的只有四个字：机器学习。这是专家系统 21 世纪的版本，也是推动所有发展和应用（以及资金）的核心方法。但是，在我描述什么是机器学习（当然是用非技术性的语言）之前，我们需要了解促成这场完美风暴的所有其他力量是什么，以及为什么这次的人工智能会有所不同，在我看来，有四个关键的驱动因素（参见 2.2 节 ~2.5 节）。

## 2.2　大数据的作用

　　驱动人工智能兴趣和活动激增的第一个因素是现在可用的庞大的数据量。这些数字各不相同，但人们普遍认为，全球产生的数据量每两年就会翻一番，2020 年大约创建或复制了 44ZB（或 44 万亿 GB）的数据。这对我们来说很重要，因为大多数人工智能都是靠数据吃饭的，如果没有数据，就像运行的发电站没有燃料一样，人工智能将毫无价值。

　　要训练一个准确度较高的人工智能系统（如神经网络），通常需要数百万个例子，模型越复杂，需要的例子就越多。这就是为什么谷歌和脸书等大型互联网和社交媒体公司在人工智能领域如此活跃的原因。他们只是有大量的数据可以使用，你在谷歌上进行的每一次搜索（每天大约有 35 亿次搜索），以及你在脸书上的每一次发布或点赞（每天有 4210 亿条状态更新、3.5 亿张照片在上传、近 6 万亿次点赞），都会产生大量的数据用于人工智能系统的训练。仅脸书每 24 小时就会产生 400 万 GB 的数据。

　　人工智能会消耗掉这些海量的数据，从而创造价值。再举一个我在上一章使用的简单例子，要训练一个深度神经网络（Deep Neural Network，DNN）（本质上是机器学习人工智能）来识别狗的图片，你需要有很多狗的样本图片，并都标记为"狗"，其他不包含狗的图片，都标记为"不是狗"，一旦训练系统使用这组数据（也可以通过验证阶段，该阶段使用训练数据的子集来调整算法）来识别狗，那么就需要在"干净"的，也就是没有标签的图片上对系统进行测试，对于需要多少测试数据并没有严格的规定，但根据经验，测试数据可以占总数据集的 30% 左右。

人工智能每时每刻都在利用我们创造的这些海量数据，大多数时候都是在我们不知情的情况下（但却默默接受）。例如，你在谷歌搜索，当输入搜索词时，可能会有拼错词的情况，谷歌通常会根据该词的正确拼写或更常见的拼写为你提供结果（例如，如果我搜索"Andrew Durgess"，它就会显示 Andrew Burgess），或者你可以选择实际搜索不常见的拼写版本。这意味着，谷歌正在不断地收集关于常见单词拼写错误的数据，以及它建议的修正是否被接受所有这些数据都被用来不断调整他们基于人工智能的拼写检查器。在我的例子中，如果明天真的有一个叫 Andrew Durgess 的人突然成名，以至于很多人都在搜索他的名字，那么谷歌就会很快淘汰我对该名字的修正，因为越来越少的人会接受这个修正，他们会直接点击搜索"Andrew Durgess"。

不仅仅是社交媒体和搜索引擎的数据呈指数级增长，随着我们在网上完成越来越多的商业活动或者通过企业系统处理这些活动，产生的数据会越来越多。对于零售业，不只是网购，线下采购也会产生数据，零售商可以利用记录的买家采购数据来预测趋势和模式，帮助他们优化供应链。当这些购买行为可以通过会员卡或在线账户等方式与单个客户联系起来时，数据就会变得更丰富，而且更有价值。现在，零售商能够预测你可能还想从他们那里购买哪些产品或服务，并主动向你推销。如果你在网上购物，被记录下来的不仅仅是你的购买数据，你访问的每一个页面、你在每一个页面上花费的时间，以及你浏览的产品都会被跟踪，这些都会增加人工智能可利用的数据量和价值。

在你购买完商品之后，企业将继续从你的数据中创造、收获并提取价值。每次你通过他们的网站或客服中心与他们互动，或者通过第三方推荐网站、社交媒体提供反馈时，都会创造出更多对他们有用的数据。如果是在线连接，即使只是使用他们的产品或服务，也会创造数据。举个例子，电信公司会根据你的使用和互动数据，尝试使用人工智能预测你是否会很快抛弃他们，转投竞争对手。他们的"训练数据"来自于那些真正取消合同的客户，人工智能利用这些数据来识别构成"流失客户"的所有不同特征，然后将其应用于所有其他客户的使用和行为中。类似地，因为银行拥有大量真实和非真实交易的数据（每天大约有 3 亿笔信用卡交易），所以他们可以识别你的信用卡账户中的欺诈性交易。

其他的"大数据"来源于以下几个方面：所有正在创建的基于文本的文件（报纸、书籍、技术论文、博客文章、电子邮件等）、基因组数据、生物医学数据（X 射线、PET、MRI、超声波等）和气候数据（温度、盐度、压力、风力、含氧量等）等（译者注：PET，医学术语，正电子发射体层成像，用于肿瘤、心血管病、神经系统疾病等的诊断）。

在没有数据的地方，也可以刻意制造出来数据。对于人工智能最常见，或者说最热门的领域，已经开发出来了完整的训练数据集，例如，为了能够识别手写数字，美国国家标准研究所建立了一个包含 6 万个手写数字样本以及 1 万个测试样本的数据库（该数据库名为 MNIST）。类似的数据库也存在于人脸识别、航空图像、新闻文章、语音识别、运动跟踪、生物数据等领域，这些榜上有名的领域实际上是目前机器学习最有价值应用的风向标。

数据爆炸和数据利用的另一个有趣的方面是，它正在颠覆现有的商业模式。虽然谷歌和脸书的最初目标并不是成为数据和人工智能公司，但他们最终成了这样的公司。现在的情况是，有些公司被创立出来的目的是通过提供不同的服务来收集数据。这些服务通常是免费的，吸引用户使用，从而收集更多的数据。Sea Hero Quest 就是一个很好的利用数据的例子。乍一看，它是一款手机游戏，但实际上它所做的是利用人们玩游戏的数据来更好地了解痴呆症，特别是空间导航在不同年龄、性别和国家的人之间的差异。在撰写本文时，已经有270 万人玩过这款游戏，这意味着它已经成为历史上最大的痴呆症研究项目。商业企业会采用同样方法，利用"窗口"产品或服务来收集有价值的数据，以便在其他方面加以利用。

## 2.3  廉价存储的作用

所有正在创建的数据都需要存储在某个地方，这让我想到了有利于人工智能的第二个驱动因素：存储成本的迅速降低，以及数据访问的速度和用来存储所有数据的机器的大小。

1980 年，1GB 的存储成本平均为 437500 美元。五年后，这个价格降到了 1/4 左右，到 1990 年，它的价格是 1980 年的 1/40 左右，约为 11200 美元。但与后来的持续降价相比，这还不算什么。21 世纪初的价格是 11.00 美元，2005 年是 1.24 美元，2010 年是 9 美分，到2016 年，1GB 的成本不到 2 美分（0.019 美元）。

我上面所说的都是脸书生成的数据，其数据仓库有 300PB（3 亿GB）的数据（实际存储的数据量是由原始生成的数据量压缩的）。其实很难得到准确的数字，亚马逊的网络服务（其商业云产品）的存储容量可能比脸书更多，正是这种规模的数据量造就了每 GB 2 美分以下的存储价格。

不仅仅是成本减少了，存储器设备的尺寸也减小了。我在一些演讲中使用了一张 1956 年的照片，在照片中，IBM 硬盘驱动器是用叉车装到飞机上的，这个硬盘有一个大棚的大小，而容量只有 5MB。现在这个容量刚好够存储一首 MP3 歌曲。亚马逊现在有一支货车队，这些货车相当于巨大的移动硬盘，每块硬盘都能存储 100PB（整个互联网的存储容量约为 18.5PB）。在编写本书时，IBM 刚刚宣布，他们已经能够在原子上存储信息。如果这种方法能够实现工业化，这将意味着整个 iTunes 库中的 3500 万首歌曲可以存储在一个信用卡大小的设备上。

## 2.4  更快的处理器的作用

这些海量数据集的廉价存储对于人工智能来说是个好消息，正如我所希望的那样，人工智能依赖于大量的数据，但我们也必须能够处理这些数据。所以，人工智能发展的第三个驱动因素是更快的处理器速度。

这就是我们常引用的摩尔定律。1965 年，英特尔的创始人戈登·摩尔（Gordon Moore）预言，能装在集成电路上的晶体管数量每年会翻一番。到了 1975 年，他把该预言的数量修改为每两年翻一番。实际上，英特尔的一位高管大卫·豪斯（David House）提出了最通用的版本，即芯片性能（有更多晶体管和更快的输出速度）每 18 个月会提升一倍。虽然这个趋势出现了一些偏差，尤其是在过去几年，但相比于上一个人工智能寒冬时期，今天使用的处理器的速度快了好几个数量级。

在人工智能的技术方面有一个奇怪的现象，传统的计算机芯片（中央处理器：Central Processing Unit，CPU）对大型数据集的处理能力其实并不理想，而图形处理单元（Graphics Processing Unit，GPU），原本是为了运行要求苛刻的计算机视觉任务（如计算机游戏）而开发的，却能完美地处理大型数据集上的数据。因此，作为 GPU 制造商的英伟达（Nvidia）在人工智能领域占据了计算机芯片的大部分市场。

因此，更快的人工智能处理器意味着，可以使用更多的数据解决更复杂的问题。这一点很重要，因为管理和处理所有这些数据确实需要时间，系统要根据学习到的数据进行评分和做出决策（这是流程的第二部分，系统表现出色），但训练部分可能是个苦差事，即使是相对简单的训练环节也需要通宵达旦地进行，而更复杂的训练可能需要几天时间。因此，无论是在模型的原始开发和设计中，还是在日常工作中，处理器速度的任何改进都会极大地帮助提高人工智能系统的实用性，从而使系统能够使用最新的模型。能够提供实时训练以及实时决策，是真正体现出人工智能价值的一个前沿。

## 2.5　无处不在的连接作用

对人工智能有利的最后一个驱动因素是连接能力。显然，互联网对数据的利用产生了巨大的促进作用，但直到过去几年，网络（包括宽带和 4G）才变得足够快，使得大量数据能够分布在服务器和设备之间。对于人工智能来说，这意味可以在数据中心的服务器上密集、实时地处理大部分数据，而用户设备只是作为一个前端。苹果的 Siri（在 iPhone 上）和亚马逊的 Alexa（在 Echo 上）都是非常复杂的人工智能应用的典型例子，它们利用数据中心的处理能力来完成大部分繁重的工作。这意味着人工智能对设备处理器的依赖程度较低，但也给网络的可用性和有效性带来了负担。

互联网提供的益处不仅仅是实时处理，在训练一个人工智能模型时，每次训练运行在"标准"硬件上都需要几天或几周的时间，而使用基于云的解决方案就有专门的硬件可用，可以大大加快训练速度。

更好的通信网络也可以在其他方面帮助人工智能系统。我在上一节中提到的庞大的数据集，通常是公开提供给众多用户的，以帮助训练他们自己的系统，而这在以前几乎没有那么容易做到。

另外，人工智能系统可以利用互联网相互连接，这样它们之间就可以分享学习成果。美国斯坦福大学、加利福尼亚大学伯克利分校、布朗大学和康奈尔大学组成的联合体运行了一个叫作 Robo 大脑（Robobrain）的项目，它采用公开的数据（文本、声音、图像、电影）来训练人工智能系统，其他人工智能系统也可以访问这些数据。当然，"接收者"系统也像任何一个其他好的人工智能系统一样，会将它们所学到的一切反馈给 Robo 大脑。Robo 大脑所面临的挑战是它希望囊括所有机器人的一切（或者用行话说是"多模式"）。这一挑战也反映了人工智能的整体问题，即系统的关注点往往非常狭窄。

## 2.6　关于人工智能云

"人工智能云"可以最有效地将这四个驱动因素结合在一起。"人工智能即服务"的理念，是指在云端按需完成人工智能的繁重工作，推动了人工智能的普及。许多大型科技公司，例如谷歌、IBM 和亚马逊，都有针对人工智能的云端解决方案。它们提供了易于访问的应用程序接口（Application Programming Interfaces，API，其本质上是编程能力的标准化接入点）来供开发者从中创建人工智能"前端"。IBM 公司的沃森（广受赞誉的人工智能应用），其实"只是"一系列的应用程序接口，每个应用程序接口都执行特定的功能，例如语音识别或问答；谷歌的 TensorFlow 是一个开源的人工智能平台，它能提供与沃森相似的能力，还能提供预训练模型等附加功能。

这对企业，特别是任何想要在人工智能业务创业的企业家来说，意味着人工智能的价值不会体现在大家所设想的方面，即算法。如果每一个专注于客户服务的新的人工智能企业都使用例如亚马逊的开源语音识别算法，那么竞争优势将必然体现在训练数据的质量、算法的训练方式或者算法的易用性上。例如，当你连接到 IBM 沃森应用程序接口时，还需要做很多工作来训练它，随后才能衍生出真正的价值。

显然，一些人工智能企业会从他们的算法中创造竞争优势，但他们也必须与其他使用现成算法的公司竞争，就像我自己所做的那样，从大学网站（在我的案例中是斯坦福大学的网站）下载一个免费的、开源的命名实体识别算法（用于从文本主体中提取人名、地名、日期等内容），然后输入一些样本文本，让算法给出一个合理的答案，这是相当容易的。但这还不是一个可行的人工智能解决方案，更不用说商业化了。要想让它真正做到商业化，我需要使用尽可能多的数据来训练和调整算法，并为它创建一个用户友好的界面，而这是真正的技能——数据科学、优化、用户体验——发挥作用的地方。把所有这些结合一起，才可能为开启一个人工智能业务奠定基础。

对于希望在业务中使用人工智能的高管来说（事实上，你阅读本书就表明你是渴望使用人工智能的），了解人工智能公司的价值来源很重要。如果两个供应商说他们可以做完全相同的事情，你为什么要选择其中一个供应商而不是选择另外一个？我们要找到差异的核心（算法、数据、实施的难易程度、培训的难易程度、使用的难易程度等），从而为自己的业务做出正确的选择。目前，有太多"烟雾缭绕"的人工智能企业，它们纯粹基于开源算法，往往由非常聪明但缺乏经验的二十多岁的年轻人创建，尽管他们会乘着人工智能的热潮，但不会提供什么长期价值。我的观点是，你可以基于优秀的开源算法创建一个成功的人工智能业务，但你还需要在其他方面同样厉害。正如我在本书一开始就说过的：请勿相信过度的宣传炒作。

我将在本书的后面更详细地介绍这些选择的考虑因素，以及购买与构建的问题。

## 2.7 什么是机器学习

大数据、廉价的存储、更快速的处理器和无处不在的连接网络，是当今推动人工智能在业务中加速发展和应用的驱动力。如果舍去其中任何一个，人工智能都会难以发挥其作用，使得我们可能还处在人工智能寒冬。每一个驱动因素都有助于推动其他因素的发展，例如，如果我们没有十分便宜的存储设备，就无法保存所有数据，也就意味着不需要更快的处理器。但是，所有这些活动的核心，都是机器学习，它可以从每一个驱动因素中获取信息，是最流行的人工智能方法之一。

即使你不需要了解机器学习的实际工作原理，但也要对机器学习是什么以及它的作用有所了解，这是很重要的。顾名思义，机器学习是由机器在学习如何解决问题的过程中，完成所有艰苦的计算工作，本质上是由机器而不是人来编写"代码"。人类开发者定义要使用的算法，然后机器使用数据来创建特定于算法的解决方案。我们已经看到，问题最初可以是未定义的（如在无监督学习中，可以在数据中发现模式或集群），也可以是定义好的（用大型数据集训练来回答特定的问题，我们称之为监督学习）。对于机器学习来说，通常更容易想到的是监督学习的例子，例如我常用的区分狗和猫的图片的例子。

在上一章中，我介绍了深度神经网络的概念，它是机器学习所使用的"架构"。一个深度神经网络由许多不同的层组成，所要解决的问题越复杂，需要的层数就越多（层数越多也意味着模型越复杂，需要有足够的计算能力，并且需要更长的时间来解决问题）。输入层将数据接收进来，并开始对数据进行编码。输出层是呈现答案的地方，它有多少个节点，就会有多少类（类型）的答案。因此，在我的区分狗与猫的图片的例子中，会有两个输出节点，一个是狗，一个是猫（如果我们有既没有狗也没有猫的图片，还可以定义三个节点）（见图 2.1）。

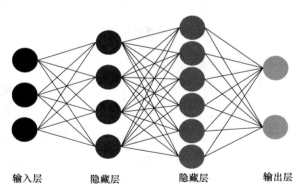

输入层　　　　隐藏层　　　　隐藏层　　　　输出层

**图 2.1　基本神经网络**

输入层和输出层之间是隐藏层，所有的艰苦工作都会在这里完成，每一个隐藏层都会在复杂度越来越高的数据中寻找不同的特征，所以对于图像识别，不同的层会分别寻找轮廓、阴影、形状、颜色等。在这些隐藏层中，会有比输入层或输出层更多的节点（"神经元"），这些节点在各层之间相互连接。每一个连接都有一定的"权重"或强度，这决定了一个节点的信息会有多少被带到下一层：如果一个强链接，通过训练，在输出层得到了"正确"的答案，那么信息就会传递到下一层；如果一个权重较低的弱链接，在训练中得到了"错误"的答案，就不会有那么多的信息向下传递（见图 2.2）。

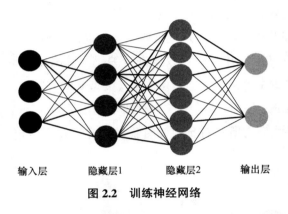

输入层　　　　隐藏层1　　　　隐藏层2　　　　输出层

**图 2.2　训练神经网络**

随着用越来越多的数据训练模型，权重会不断调整（这就是机器学习），直到达到最优的解决方案。我们给模型输入的数据越多，机器细化权重的机会就越多（但工作难度也越大），解决方案也就越准确，然后就可以用"匹配函数"（即模型的最终版本）来求解新的数据；例如，我给它一张以前没见过的狗的图片，它就应该能够正确地识别出这是一只狗（见图 2.3）。

从以上对机器学习的简要描述中，你应该能够看到，机器学习完全依赖于我所描述的四个驱动因素：我们需要大量的数据来训练隐藏层，以得出正确的权重，但这意味着我们需要能够廉价地存储数据，并尽可能快速地处理我们的模型，以及从尽可能多的来源获取数据集。缺少其中任何一项，机器学习都是不可行的，要么是因为机器学习不够准确，要么是因为机器学习的设计和实现不够简单（而这是开始就已经很不容易的事情）。

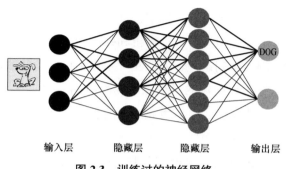

输入层　　　　隐藏层　　　　隐藏层　　　　输出层

**图 2.3　训练过的神经网络**

从这场技术的"完美风暴"中受益不仅仅是机器学习，其他类型的人工智能，主要是"符号人工智能"，也通过更快处理速度、更廉价存储和互联的计算机而加速发展，并找到了新的生机。

## 2.8　人工智能的障碍

所以，有了这些数据、廉价的存储、先进的处理器和相互连接技术，我们肯定不会再看到另一个人工智能寒冬了，对吗？答案是，可能还有几件事会破坏人工智能的美好前景。

在我看来，人工智能实现飞速发展的最大障碍是人们过度膨胀的期望。人们写了太多，也说了太多关于人工智能可能的能力，特别是当考虑通用人工智能而不是我们今天的狭义人工智能时。之前的两次人工智能寒冬都是由过高和不切实际的期望而导致的，所以我们需要谨慎地对待这些期望。我写这本书的一个关键动机是"让人工智能落地"，以便评估它在现在和不久的将来的真正价值，而不是在 10 年或 20 年后的价值。

　　另一个影响人工智能使用的因素是，人们普遍恐惧人工智能可能带来的变化，特别是当它可能意味着从根本上改变人们的工作方式时，而且大肆地宣传炒作也助推了这种担忧。人类的工作方式已经发生了许多重大转变，包括个人计算机和外包的引入，但人工智能有可能在更大的范围内做到这种转变：在学术界和机构的猜测性报告中一再报道"白领"工作岗位的减少和中产阶级的"空心化"。这一切可能是真的，也可能是假的，但由此产生的恐惧让那些可能受到人工智能实施影响的企业自然而然地产生了戒备心理。

　　第三个方面与前两个方面有关联，影响因素是"无知"。如果人们没有足够地了解人工智能是什么，又怎么能指望从实施人工智能中获得真正的价值呢？宣传和炒作是无济于事的，人工智能本身就是一个复杂的课题，对于一个非技术型的业务人员来说，要理解它并不是一件容易的事情。对于人工智能来说，"见多识广"这句成语当然是正确的，但同样，只是拥有所有的知识也是没有用的，除非你想成为一名数据科学家或人工智能开发者。本书处在一个能让你"刚刚好"理解人工智能的程度，使你可以充分利用人工智能，但又不至于因为技术细节和术语而不知所措。

　　最后一个可能会限制人工智能发展的是监管。正如我已经提到的，对开发者或用户来说，人工智能系统所做的大部分计算工作都是隐蔽的，（通常）没有审计线索来详细说明它是如何得出某个决策的。例如，如果我输入了大量的贷款申请作为训练数据，提供给一个复杂的信用决策人工智能系统，并告诉它哪些贷款申请已经被批准，哪些没有被批准，该系统就可以做出是否批准或拒绝新贷款的建议。但没有人会真正知道其中的原因，这就给监管者带来了一个问题，他们需要看到这个决策的过程。有一些方法可以缓解这种情况，但人工智能的这种不透明性可能会对其实用性构成挑战。

我将在第 8 章中更详细地介绍这些方面的内容，但我认为你此时对这些有一个初步的认识是很重要的。

## 2.9　一些人工智能案例研究

虽然可能是受到太多炒作的刺激，现在人工智能市场确实是有动力的。但是谁会在这些进步中受益呢？是仅仅做研究的实验室？还是一些靠玩电脑游戏成功的初创企业？或者还有其他？当今人工智能是否为企业提供了真正的价值？

在我的工作中，看到了大量的在企业中应用人工智能的例子，人工智能用于提供洞察力和提高效率，为企业增加了人类无法创造的价值。

目前，人工智能的一个热门领域是客户服务。英国的一家火车运营公司利用人工智能对客户发来的邮件进行分类。当然，他们面临的挑战是，人工智能是否能"读懂"自由撰写的邮件，并判断客户到底想要什么。例如，如果我要坐 8：06 从伦敦尤斯顿站（Euston Station）到格拉斯哥中心站（Glasgow Central）的火车，但没有买到座位，我会给火车公司发邮件，写道："我简直不敢相信，花了那么多钱买了一张从伦敦到格拉斯哥的 8：06 的车票，却连座位都买不到，你们这次做的真是太出色了！"所有的突出信息都是从我的非结构化文本中提取出来的，并经过验证（如 8：06 有火车吗？是否有其他人投诉过同样的服务？客户是否经常投诉？等等），这样人工智能就可以立即将我的疑问转给客服部门的相关人员。当然，我在第二句话中的措辞是带有讽刺意味的，所以人工智能需要正确理解我的语意，区分投诉和实际的赞美之间的区别。这意味着，当人类客服登录时，他们可以快速理清原委来处理我的疑问。

还有类似情况的例子，一家英国的保险公司为自己的保险客户提供理赔服务，公司已经将非结构化和半结构化的数据（收到的索赔、信件、投诉、核保人报告、支票和所有其他与保险索赔有关的文件）自动输入，以便将这些数据导入正确的系统和排列顺序中。使用人工智能解决方案，一个 4 人团队每天处理约 3000 份理赔文件，其中 25% 是纸质文件。人工智能自动化工具可自动处理扫描文件和电子文件，识别理赔信息和其他元数据，并将结果存入数据库和文件存储库，供理赔处理人员和系统处理。它还增加了服务元数据，因此可以测量出终端到终端的过程绩效。有些文件可以在没有任何人工干预的情况下进行处理，而有些文件则需要人类团队查看检阅一下，以验证人工智能的决定或填补其缺失的细节。

人工智能在法律领域应用的一个很好的例子是 ROSS，这是一个围绕 IBM 公司的超级计算机沃森建立的系统。ROSS 实际上使用了许多人工智能能力，包括自然语言理解、搜索和优化。因此，当律师需要对一件事情进行一些特定的研究时（例如，一个员工在试用期结束后的几天内因严重不当行为被解雇时，有什么先例？），她可以转向 ROSS，输入要查询的内容，ROSS 将在几秒钟内检索整个劳动法资料库，并按相关性排序，然后将答案反馈给律师。另一种方法是由律师、初级律师和（或）律师助理进行数小时的研究，而且很可能无法检查所有相关文件。像所有优秀的人工智能系统一样，ROSS 是可以自我学习的，律师可以评估 ROSS 的回复质量，从而让它在未来提供更好的答案。

一些公司已经利用人工智能创造了全新的业务线。美国银行和经纪公司查尔斯·施瓦布（Charles Schwab）创建了一个名为"施瓦布智能投资组合（Schwab Intelligent Portfolios）"的投资工具，利用人工智能管理客户的投资组合（有时也称为"机器人顾问"）。它专注于低成本的交易所交易基金，没有咨询费、账户服务费或佣金费。自 2015 年推出它以后，其他一些公司也出现了类似的模式，包括 Betterment、Wealthfront 和 FutureAdvisor（不过这些公司会收取少量的管理费）。低收费或零收费的吸引力，以及与人工智能机器人而不是人打交道的简单性，意味着这类服务在初级投资者中很受欢迎，这种情况已经得到了证实，并且该模式为银行提供了他们通常情况下无法获得的新客户。

## 2.10 结论

所以在全世界范围内，企业们正在成功地应用人工智能。大数据、廉价的存储、更快的处理器和无处不在的连接等的发展使得研究人员能够利用机器学习这种近乎神奇的方式。但是，人工智能已经成功地摆脱了实验室，创业公司和互联网巨头正在使之进入商业化阶段。高管们有着真正的机会来利用人工智能的能力，为业务提供新的价值来源，并挑战和颠覆其现有的商业模式。为了达到目的，他们需要了解这些能力是什么以及如何使用。

## 2.11 学者的观点

威尔·万特斯（Will Venters，WV）博士是伦敦经济学院信息系统助理教授，以下是我（AB）对他的采访节选。

AB：为什么现在人工智能引起了如此多的关注？

WV：底层算法变得更加智能，使用起来也更加有效，但其实这并不重要。真正重要的是计算机芯片的处理能力，以及处理更多大规模数据量的能力。

　　之前我们看到 IBM 公司的深蓝（Deep Blue）在国际象棋上击败了卡斯帕罗夫（Kasparov），然后还有沃森（Watson）在 Jeopardy！（美国老牌智力问答节目）上获得了胜利，但本质上这些系统都只是能够快速搜索海量数据库。但阿尔法狗（AlphaGo）正在做的事情（在中国围棋比赛中击败世界第一的棋手）是惊人的，它会观察，然后和自己下了数百万盘围棋。它能够分析的数据的复杂性和数量是惊人的，我相信未来的人工智能将围绕这类能力展开。

　　另外，你可以看一下计算机所要承担的过程，其数据复杂度与任务复杂度都很有意思：我们现在能够管理在这两个方面都很复杂的情况。例如，管理电梯这个任务是复杂的，但数据相对简单；自动驾驶汽车做的事情并不复杂（只是驾驶、转弯和停车），但它们需要的数据却很庞大。现在，我们能够管理数据和任务两方面都很复杂的情况，主要是由于技术进步，我们有了处理复杂问题的机制和方法。

　　AB：你还提到过，数据处理能力是一个关键因素，是吗？

　　WV：是的，图形处理单元（GPU）在这方面做出了重要的贡献。此外，云计算的广泛应用也为企业提供了便利，使其在没有相关基础设施投资和风险的情况下就能够管理大数据。

　　无论是在自己内部还是通过云计算，很多公司已经对数据基础设施进行了投资，人工智能可以充分利用这些。

　　AB：你认为炒作是帮助了人工智能的发展还是阻碍了它的发展？

　　WV：人工智能确实被炒作得非常厉害，但它也是富有成效的。它能带来创新，并促使企业讨论大方向问题。所以不应该只是负面地看待炒作。

　　AB：你认为人工智能最有价值的使用案例是什么？

WV：对于"混乱"的数据和比较模糊的数据，如照片、自然语言语音和非结构化文件，人工智能可以提供机会来处理它们。大数据曾承诺可以处理所有这些数据，但最终没有实现，因为这需要大量的统计学家。机器人流程自动化对于处理那些干净和结构化的流程来说是很好的，如果流程变得比较复杂，那么人工智能就可以介入并克服这一点。

AB：企业要想充分利用人工智能，你认为他们需要做什么？

WV：他们首先需要考虑的是商业案例，而不是技术。但也需要考虑监督管理问题，了解如何管理固有的风险。人类有道德伦理感，而人工智能没有。由于人工智能模型缺乏透明度，所以它需要一定程度的监督。企业还必须确保系统没有偏见或倾向，因为它们很容易植入到公司的业务中，而且因为基础数据很大，所以这些风险会迅速扩大。

AB：你对人工智能的未来有什么看法？

WV：我认为我们会看到有更好的算法来处理更大量的数据。但是，人工智能也是其自身迭代成功的牺牲品：当每一次激动人心的进步都变得司空见惯时，就会让人产生一种幻灭感。你只需要看看（苹果的）Siri 和（亚马逊的）Alexa 的进步，"人工智能"这个词最终会变得多余，人们也将不再对此提出质疑。

但在那一天到来之前，企业可能明智地投资人工智能，也有可能不合时宜地投资它，所以企业应该深入思考他们所采取的方法，听取专家的建议，并确保不会落伍，这样他们就能获取更多的人工智能带来的价值，并避免可能的风险。

# 第 **3** 章

# 人工智能能力框架

## 3.1 引言

如果不了解某件事情，就不可能从中获得价值，除非是出于某种意外。在人工智能的世界里，没有什么意外，所有的事情都是经过精心设计的，并且都有特定的目标。因此，只有人们对人工智能有一个合理的理解，才能让大多数人工智能真正在业务中发挥最大的作用。当然，挑战在于人工智能非常错综复杂，充满了复杂的数学，这肯定不是一个"普通"的业务人士所能掌握的范畴。

在本书中，我的方法是从人工智能能为我们做什么的角度来理解它，也就是说，在现实世界的问题和机会中，人工智能的能力是什么？为了做到这一点，我建立了一个框架，将所有的复杂性"归纳"为八种能力。理论上，任何人工智能应用都应该符合其中的一种能力，这使得人工智能的外行都可以快速评估该应用，并将其应用到与他们业务相关的事情中。相反，如果你有一个特定的业务需求或挑战，该人工智能框架也可以提供解决方案，它能确定出最合适的一种（或多种）人工智能能力。话虽如此，但我相信任何一个人工智能科学家或研究人员都能在这个框架中挑出一些漏洞。它当然不是无懈可击的：其目的是为企业高管提供一个有用的工具，帮助他们从人工智能中获得尽可能多的价值。

看待人工智能的方法有很多，我已经在前面的章节中讨论了一些。监督学习与非监督学习；机器学习与符号学习；结构化数据与非结构化数据；增强与替代等。所有这些观点都是有效的，都可以在人工智能能力框架中得到足够合理的理解。

因此，对于每一种能力，我将要解释它是否需要监督学习或非监督学习（或两者兼有），以及它通常是哪种人工智能类型（如机器学习）而且是用于提供哪种能力的，另外还要解释它是处理结构化数据还是非结构化数据，最重要的是，它如何使企业受益。在随后的章节中，我将引出每种类型人工智能应用的案例，归纳为以下一些关键主题：增强客户服务、优化业务流程和增强决策能力。

我在第 1 章中介绍的人工智能的另一个视角，其实是元视角，可能也是最重要的视角，首先要理解：人工智能试图实现的三个基本目标是捕捉信息、确定正在发生的事情和理解为什么发生这些事情。我提出的八项能力中的每一项都符合其中一个"人工智能目标"（见图3.1）。

| 捕捉信息 | 确定正在发生的事情 | 理解为什么发生这些事情 |

**图 3.1　人工智能目标**

1. 捕捉信息

捕捉信息是人类大脑做得非常棒的事情，但机器却很难做到这点。例如，识别人脸的能力是人类从最早存在时就有的，这是一种让我们能够躲避危险和创立关系的技能。因此，人类花费大量的脑力和资源来研究这个问题。对于机器来说，这个过程是非常复杂的，因为需要大量的训练数据和快速的计算机处理器，但今天我们的台式计算机甚至手机都有这种能力。也许速度还不是非常快，也不是那么准确，但人工智能已经成为实现这一目标的基础。

捕捉信息的例子大多是将非结构化数据（例如一张脸的照片）变成结构化数据（人的名字）。捕捉信息也与结构化数据有关，当这些数据量足够大时，人工智能就会发挥其作用。同样，人类的大脑非常擅长识别数据中的模式（例如主教练对足球队成功的影响），但当有数百个变量和数百万个数据点时，就会出现一叶蔽目的情况，人类的视线看不到全部。人工智能能够找到人类看不到的数据模式，或者数据集群，这些集群有能力提供给企业对其有真正价值的数据洞察力。例如，人工智能可以发现购买行为和客户人口统计之间的模式，而这些模式要么是人类需要花费数年时间才能发掘出来的，要么是人类根本就没有想到的（人工智能对数据很"天真"这一相关概念我稍后再谈，但要牢记，这是一个重要的概念）。

2. 确定正在发生的事情

下一个人工智能目标是试图确定正在发生什么，这通常是人工智能已经捕捉到信息而产生的结果。例如，我们可以用语音识别（从声音文件或现场对话中）来提取某人正在说的话，但此时我们只能知道所有的单个字或词语是什么，而不是知道这个人实际上想说什么。此时，自然语言理解的作用就得到了体现，它会提取这些字或词语并试图确定完整句子的意思或含义。也就是说，从声音的数字流到一组词语（例如"我""想要""取消""按揭""保险""的""直接""借记""付款"），再到确定这个人的意思是"想要取消按揭保险的直接借记付款"。

之后，我们可以使用这个类别中的其他能力来处理这个请求。例如，我们可以使用优化能力来帮助客户了解到，如果他们要取消直接借记付款，他们可能还需要取消与之相关的保险单。然后，我们可以使用预测能力来判断这个客户可能即将离开这个银行，转投到竞争对手那里（因为人工智能已经从很多其他类似的互动中确定，取消直接借记付款是潜在客户流失的一个指标）。

3. 理解为什么发生这些事情

因此，在与客户的简单互动中，我们能够使用不同的人工智能的"捕捉信息"和"确定正在发生的事情"的能力来建立一个有用的客户画像，并且满足客户的要求。但是，在上面的例子中，虽然人工智能已经能够将这个客户识别为"有流失风险"，但它真的不明白这意味着什么。它所做的只是将一组数据（客户请求）与另一组数据（离开的客户）相关联，然后将其应用于一个新的数据点（客户取消直接借记付款的请求）。对人工智能系统来说，这些数据可能就是关于冰淇淋口味和天气的数据，它对直接借记付款的概念一无所知，也对银行或客户的概念一无所知。我们今天所拥有的以及在不久的将来（甚至可能是永远）所拥有的人工智能能力都不具备"理解"能力。总之，区分被设计成专注于解决特定问题或执行特定任务的人工智能（通常能比人类做得更好）和能理解、关联不同概念的通用人工智能（像人类大脑一样出色），对我们来说才是真正重要的。

现在，我们已经确定了三个人工智能目标，而且明白只有前两个目标与我们现在相关，下面开始更详细地逐一介绍人工智能框架中的八大人工智能能力。

## 3.2　八大人工智能能力

1. 图像识别

在人工智能研究中，目前最活跃的领域之一是图像识别。这是我在第 2 章中描述的四个关键驱动因素共同催化技术发展的一个典型例子。图像识别是基于机器学习的，需要数千或数百万张样本图像进行训练，因此它还需要大量的存储空间来存储所有数据，以及快速的计算机处理器来处理所有这些数据。当然，连通性也很重要，以便能够访问数据集，其中许多数据集是公开的（在第 2 章中我提到了手写数字和人脸的图像数据集，但还有更多，包括航空图像、城市景观和动物等）。

当然，图像属于非结构化数据的范畴，因此一般会把图像识别用于什么类型的应用上呢？我总结了以下三种类型。

1）用于标记。可能最流行的应用是识别图像中的内容，有时称为标记。我已经用过几次这个例子：找出图片中是包含一只狗还是一只猫。它通常用于检查照片，以识别其中的色情或虐待性质的图像，并对图像进行调整（例如过滤掉不良图像），但也可以用来分组具有类似标签（如"这些都是在海滩拍摄的照片"）的照片。这种照片标记是监督学习的一个典型例子，人工智能是在数以千计，甚至数以百万计的标记照片上进行训练的，这就是为什么那些能够获得大量图像的公司（如谷歌和脸书），在这个领域拥有一些最先进的系统。

2）用于寻找相似图像。图像识别的另一个用途是寻找与其相似的图像。谷歌的反向图像搜索是这种方法的常用工具，你只需上传一张图片，它就会搜索与你的原图相似的图片（这种技术经常用来识别使用那些故意断章取义的新闻照片）。与图像标记的方式不同，这主要是无监督学习的一个例子，人工智能不需要知道图片中的内容，只需要知道它看起来像另一张图片就可以了（可以简单理解为，人工智能将图片文件转换为一长串数字，然后寻找其他具有类似数字的图像）。

3）用于寻找图像差异。图像识别的最后一个应用是寻找图像之间的差异。最常见的，也是最有益的应用是在医学成像中，应用人工智能系统来观察身体各部位的扫描，并识别异常情况，例如癌细胞。IBM 公司的超级计算机沃森（Watson）是这个领域的先驱，它用于支持放射科医生的工作。该方法使用监督学习来标记，例如，将 X 射线图像标记为健康或不健康。基于建立的算法模型，人工智能可以评估新的图像，以确定患者是否患上某种疾病。有意思的是，据报道，Watson 在发现黑色素瘤方面的准确率比人工判断更高（Watson 的准确率为 95%，而人类的平均准确率在 75% 到 84% 之间）。

在本章描述的所有能力中，可能图像识别是最需要数据的。图像本身就是非结构化的，而且图像间变化很大，因此需要非常多的数据来有效地训练它们。拼趣（Pinterest）这个网站允许用户将自己喜欢的图片创建成"板块"，它利用其数亿用户的所有数据来帮助进一步开发自己的系统（即使这些图片没有标记，而且非常抽象，它也能很好地找到与你发布的图片相似的图片），同时又开发了新的人工智能应用，例如 Pinterest Lens（拼趣镜头），你可以将手机摄像头对准一个物体，系统就会找到与该物体在视觉上相似、具有相关内容或相同对象的图片。

但图像识别的有些应用就没有那么有善意了。在俄罗斯，其隐私法比大多数西方国家都宽松，一个名字叫作"发现面孔"（Find Face）的网站，允许用户使用手机摄像头识别街上的人，该网站利用了最受欢迎的社交媒体网站 VK 资料照片（有 4.1 亿张个人资料图片）都是默认公开的这一事实。当你将摄像头对准一张在 VK 里有资料的脸时，该网站的识别准确率能够达到 70%。从该网站主页上的女性图片中，其实可以看出这个应用的预期用途是相当猥琐的，但它确实证明了如果有足够大的训练集，图像识别技术可以有多么出色。

当然，图像识别仍处于相对不成熟的阶段，虽然现在它可以实现很多有用的用途，但其潜力远不止于此。在我们的日常生活和商业世界中，静态图像和动态图像的使用量都正在呈指数级增长，因此，越来越重要的应用是为这些数据编制索引和从中提取有意义的数据的能力。

2. 语音识别

语音识别，有时也称为语音转文字，通常属于一系列人工智能能力中的第一阶段，用户通过语音提供指令。它获取声音（无论是现场声音还是录制声音），并将其编码为文本词语和句子。此时还需要其他人工智能能力，如自然语言理解，来确定编码句子的含义。

语音识别已经从深度神经网络的开发中受益匪浅，尽管一些更"传统"的人工智能方法［通常使用一种称为隐马尔可夫模型（Hidden Markov Model，HMM）的方法］如今仍被广泛使用，这主要是因为它们在模拟比较长的语音部分时效率更高。语音识别和图像识别一样，其输入数据是非结构化的，该技术使用监督学习来将编码的单词与标记的训练数据进行匹配（因此有许多公开的语音相关的训练集）。

高效、准确的语音识别系统面临着许多挑战，大多数读者在试图让他们的智能手机理解他们的语音指令时都能体会到。其中一个主要的挑战是输入的质量，这可能是因为嘈杂的环境，也可能因为语音是通过电话线传输，在电话上语音识别的准确率会下降，单词错误率从 7% 变成了 16%（而这种情况下人工识别的准确率会高，单词错误率约为 4%）。

其他挑战包括一些很明显的事情，例如不同的语言和地方口音，但一个关键的考虑因素是所需的词汇量的大小。对于一个非常具体的任务，例如检查你的银行余额，词汇量是非常小的，可能是十来个单词。而对于那些需要回答各种问题的系统，例如亚马逊的 Alexa，所需的词汇量就会大得多，因此对人工智能提出了更大的挑战。

确定上下文的意思要求更多的词汇量，这也使得语音识别变得更具挑战性。语境在语音识别中很重要，因为它提供了线索来预计会说什么词。例如，如果我们听到"环境"这个词，我们就需要了解它的上下文，以确定说话人的意思是"我们周围的环境"还是"自然界"。深度神经网络以及循环神经网络（一种特殊类型的深度神经网络），非常擅长通过观察句子的前后语境，不断完善句子含义的可能性。

值得指出的是，语音识别与声音识别的概念略有不同。声音识别用来从声音中识别人的身份，而不一定能识别出人说的话。但这两种应用中使用的许多概念是相似的。

随着人们越来越多地通过智能手机逐渐习惯语音识别技术，并且与机器交谈时变得更加自如和自信，语音识别及其相关的自然语言理解正在得到蓬勃发展。作为一种"用户界面"，语音识别很可能会成为许多自动化流程的主要输入方法。

3. 搜索

在这里，我使用"搜索"这个词是有特定意义的（另一个常见术语是"信息提取"），这种人工智能能力的核心是从非结构化的文本中提取结构化数据，所以就像图像识别能力对图片、语音识别能力对声音一样，搜索能力对文档也是如此施展它们的"魔法"的。

自然语言处理（Natural Language Processing，NLP）在从文本段落提取词语和句子的过程中发挥了很重要的作用，但我更喜欢使用"搜索"这个词，因为它能更好地描述整体能力。在本章的后面，你将了解到自然语言理解，人们通常将它描述为自然语言处理的一个子集，但在我看来，自然语言理解本身就是一种能力，是对语音识别和搜索输出的补充。

人工智能搜索几乎完全是一种监督学习方法，可用于非结构化数据和半结构化数据。我所说的非结构化数据是指类似自由格式的电子邮件或报告。半结构化文本在不同实例之间具有一定程度的一致性，但其可变性使得基于逻辑的系统（例如机器人流程自动化）极难处理这种半结构化文档。

半结构化文本的一种很好的例子是发票。一张发票一般会有与另一张发票相同的信息，例如供应商名称、日期和金额。但一张发票上可能有增值税，另一张发票上可能有小计和合计，或者发票上的地址写在右上角而不是左上角，或者发票上的供应商名称写得略有不同，或者发票上的日期格式不同。

传统的将信息从发票上转移到适当的"记录系统"中的方法是使用光学字符识别（Optical Character Recognition，OCR）系统，根据创建的发票模板识别不同版本的发票（可能多达数百个），以便知道在哪里找到每项数据。人工智能系统一旦在发票样本上进行了训练，就能够应对我所描述的可变性：即使地址在不同的位置，人工智能也能找到；如果通常有一个增值税行，但实际发票没有，人工智能认为也没关系；如果日期是不同的格式，人工智能也能识别出来（并转换为标准格式）。

有趣的是，人工智能的工作方式与模板方法恰恰相反。模板方法在处理越来越多的文档"版本"时，会变得越来越不确定，以至于创建越来越多的模板。但人工智能不会因为这种可变性而变得不自信，也就是说，人工智能反而可以利用这些大量模板进行训练，掌握文档的"模式"和特征，从而越来越准确地匹配文档内容。

针对非结构化文本（例如自由格式的电子邮件），人工智能可以做两件事。第一件事是通过将文字的模式与它已经学习到的内容进行匹配，对文本进行分类。例如，如果你给人工智能一篇随机的新闻文章，只要它已经在许多其他标记过的新闻文章上进行了训练，就可以判断这篇文章是关于政治、商业还是体育等类别。它不仅仅是简单地寻找"足球"这个词来识别体育类文章（因为还有很多关于足球的商业文章），而是会全面地观察和研究文章，建立一个代表"体育类文章"的算法模型。任何有类似模型或者模式的新的文章，都可能被它推断为体育类文章。

第二件事是提取"命名实体"。命名实体可以是一个专有名词，例如一个地方或一个人，甚至是一个日期或数量，所以在以下这段文字中：在 2017 年，住在伦敦的安德鲁·伯吉斯（Andrew Burgess）写了他的第二本书，这本书是由帕尔格雷夫·麦克米伦（Palgrave Macmillan）出版社出版的。命名实体可以是"安德鲁·伯吉斯（Andrew Burgess）""伦敦""第二""2017"和"帕尔格雷夫·麦克米伦（Palgrave Macmillan）"。

执行这一任务是有特定的算法的，即命名实体识别（Named Entity Recognition，NER）算法，但这些算法都需要经过训练和调整，才能尽可能准确。目前，最好的英文命名实体识别系统可以表现得接近人类，它可以通过在特定的信息领域进行训练来提高命名实体识别的准确度。例如，一个系统可以针对法律文件进行训练，另一个系统可以针对医疗文件进行训练。

将分类任务和实体提取任务结合来实现"阅读"和分类自由格式（非结构化）的文本，并提取所有的元数据。例如，向公司发出电子邮件请求的客户，可以对该电子邮件进行分类，以便它可以自动转发给组织中的正确人员来处理，同时系统会提取所有相关的元数据，将这些元数据自动输入到公司的案例管理系统中，这样客服人员在收到该案例时就可以得到所有的信息。

搜索或信息提取，可能是人工智能能力框架中最成熟的功能之一。有着相对成熟产品的软件厂商和初创公司都在忙着构建这个领域的应用。在后续的章节中你会发现，这种能力目前最主要的吸引力在于它为机器人流程自动化提供了有益的补充，机器人需要结构化的数据作为输入，而人工智能搜索可以将非结构化的文本转化为结构化的数据，从而使更多的流程可以通过 RPA 实现自动化。

4. 聚类

到目前为止，我所描述的所有能力都是将非结构化数据（图像、声音、文本）转化为结构化数据。相比之下，第 4 种人工智能能力聚类（Clustering），则是针对结构化数据的，用于在数据中寻找类似数据的模式和群聚，也就是说，它是一个"分类器"。这种能力与其他能力不同的地方是，它可以（但绝不是必须）进行无监督学习，而且它采用了一种非常依赖统计学的方法，但与其他能力一样，它仍然需要大量的数据才能真正发挥价值。

在一系列以预测为结束的阶段中，聚类通常是第一部分，例如根据与原始模式的一致性，从新数据中提取洞察力，或者识别不符合预期模式的异常新数据。为了能够做出这些预测或识别异常，必须首先发现模式和群聚。

在最简单的情形下，这种类型的人工智能使用统计方法为所有数据找到"最佳拟合线"（在数学术语中，它是最小化所有点到该线的距离的平方）。然后，只须让这些统计方法变得越来越复杂，就能应对越来越多的数据特征。如果没有足够多的数据，那么解决方案可能会出现所谓的"过度拟合"，即计算出来的理论上的最佳拟合线，但它与数据中的任何真实趋势几乎都没有相似之处。你拥有的数据越多，你对发现的模式就越有信心。

使用聚类的一个很好的例子是它能够在客户购买行为数据中识别出相似的消费者群体。人类通常能够在小数据集中识别出模式，并且通常会利用过去的经验来帮助他们塑造这些模式。但在有数千或数百万个具有多种特征的数据点的情形下，人类是不可能处理所有这些信息的，而这时候人工智能将发挥自己的作用。

这种方法的好处，除了能够利用纯粹的计算能力快速分析数据，还在于人工智能可以"天真"地对待数据。它只是在数字中寻找模式，而这些数字可能与任何东西有关，包括一个人的身高、工资、眼睛颜色、性别、喜欢什么、不喜欢什么和他以前的购物历史等。如果你负责一家零售商的会员卡数据，你可能不会意识到眼睛颜色和购买酸奶的倾向之间存在相关性（我是瞎编的），但是如果存在这种相关性的话，人工智能就会找到此相关性。人类没有人会想到去尝试匹配这两个功能，所以，如果企业使用的是传统的业务信息工具，不会在一时间想到提出这个问题，而人工智能能够带来这种洞察力，为商业信息工具提供很多价值。

就像"捕捉信息"组中的其他能力一样，聚类的方法已经相当成熟，它是预测分析领域的基础，并且在商业中得到了应用。你只须在网上购买东西，就可以看到你是如何与其他消费者进行模式匹配的，然后他们过去购买过的东西就会被推送给你；或者，你可能会收到商家的优惠券，因为你的一些使用模式和行为表明你可能有着"跑路"的风险，所以他们想以这种方式继续留住你；或者，你可能会收到银行的询问电话，因为你信用卡出现了一些异常消费行为，这很有可能是银行的系统检测到你的信用卡有被盗刷的可能。

比起其他人工智能能力，聚力能力更受益于当今世界数量庞大的数据。

5. 自然语言理解

下面开始介绍人工智能的下一个目标——"确定正在发生的事情"，以及它的第一种能力，即自然语言理解。

自然语言理解是人工智能领域的一个重要部分，因为它为我们所接触到的所有文本提供了一定的意义而无须借助人类阅读所有文本。它充当了人类和机器之间的"翻译官",让机器来完成艰苦的工作。自然语言理解与我们前面讨论的搜索能力密切相关,有些人实际上会把搜索归入自然语言处理这个更大的范畴,但因为它们在业务中通常会用于不同的目标,所以我更愿意把它们拆分开来。语音识别也是如此,和自然语言理解密切相关,同样在业务环境中使用这两种能力时,它们提供的目标不同。自然语言理解在一定程度上仍然是将句子的非结构化数据转化为有意图的结构化数据,但它的主要目的是找出正确的结构(句法分析)以及词语和句子的含义是什么(语义分析)。

　　在人工智能的历史上,自然语言理解有着特殊的地位,因为它构建了图灵测试(Turing Test)的基础。图灵测试是英国多面手艾伦·图灵(Alan Turing)在 20 世纪 50 年代设计的一项测试,用来定义一台机器是否可以归类为人工智能。在测试中,评估者将与一台计算机和一个人进行打字对话,计算机和人都会隐藏在屏幕后面。如果评估者无法分辨是与计算机对话还是与人类对话,那么计算机将通过测试。图灵测试现在成了一个有争论的话题,它有着深远的影响(特别是在讨论人工智能哲学时),但也受到了广泛批评。一些系统声称已经通过了测试,最著名的是"Eugene Goostman"(它是一个俄罗斯聊天机器人)。但真正的问题是,由于现在人工智能已经有了长足的发展,这个测试是否还能是一个有效的智能测试。

　　自然语言理解使用机器学习的监督学习方式来创建一个可输入文本的模型。这个模型是有概率性质的,这意味着它可以对单词的含义做出"比较柔性"的决定。自然语言理解是一个非常复杂的研究领域,这里就不展开了,我只想说这里面有很多问题和挑战,例如如何应对同义词和多义词。例如"Time flies like an arrow, Fruit flies like a banana"这句话,"Time flies like an arrow"表述的是"光阴似箭",

但 "Fruit flies like a banana" 表述的是 "果蝇喜欢香蕉" 而不是 "水果像香蕉一样飞来飞去"，这两句话就完美地概括了自然语言理解研究人员所面临的挑战（译者注：在这两个句子中，fly 是有不同的意思的，它在第一个句子中的意思是飞，在第二个句子中的意思是苍蝇；like 也是两个意思，在第一个句子中的意思是像、如同，在第二个句子中的意思是喜欢，作者用这个例子表达一词多义是人工智能自然语言理解所面临的一个困难）。

在大多数情况下，我们都能看到自然语言理解的例子，Siri、Cortana、Alexa 这些应用里都有可用的自然语言界面。这些系统多数情况会理解你所说的话（使用语音识别），并将其转化为你需要的意图。当系统一开始没有听清楚你说的话（这是最常见的原因），或者你所问的问题没有意义时，他们就会表现不佳。系统能够理解同一个问题的不同版本，如 "足球比分是多少？" "谁赢了足球比赛？" "能告诉我足球的结果吗？" 等等，但如果你只问 "比分是多少？"，他们就很难给出相关的答案。如果他们不知道或找不到你想要的答案，大多数系统会有默认的回复。

在聊天机器人应用中，因为问题和答案都是打字输入，而不是说出来的，所以它使用自然语言理解时不会有语音识别中词语解释错误的 "风险"。因此，当企业希望与客户建立自然语言理解界面时，往往更倾向于首选聊天机器人。但其实如果环境和收益足够好，语音识别的使用是不应被忽视的。

当然，这些人类助理可以说话或打字回复你，但回答的往往是一些储备短语。对于更多定制化的回答，需要一个特定的自然语言处理子集，称为自然语言生成（Natural Language Generation，NLG）。我们可以认为自然语言生成是自然语言理解的 "反面"，它可能是自然语言处理中最难的部分，这也是为什么它最近才开始商业化的原因。与大多数聊天机器人使用的有限的响应短语集相比，使用自然语言生成可以创建全新的短语甚至文章，其应用包括根据天气数据创建超本地天气预报，根据公司的盈利数据或股票市场数据创建财务报告等。这些应用都用自然语言提供了一个简短的叙述，而这种自然语言很难与人类语言区分开来。

自然语言理解也可以用来尝试理解描述背后的情感，这个领域被称为情感分析。最简单的情感分析是寻找"极性"，也就是说，文本是积极的、消极的还是中性的。除此之外，它还会寻找所表达的情感类型，例如，这个人是快乐的、悲伤的、平静的还是愤怒的。当然，人工智能会在文本中寻找特定的词语，它会尝试将这些词语放在上下文中，并尝试识别讽刺和其他棘手的语言特质。

情感分析已经广泛用于评估来自客户的在线文本，例如通过推特（Twitter）和旅行顾问（TripAdvisor），这使企业无须花费成本来成立专门的市场小组或进行市场调查，就能够评估其产品或服务在市场上的认知度，而且能对潜在的产品和服务问题做出实时反应。因为行业不同，企业还通常为特定的需求生成的特定的模型以及相关的术语和行话，例如了解客户对酒店房间的看法与对手机的感受会有很大的不同。

自然语言技术的另一个常见应用是机器翻译，也就是计算机将一句话从一种语言翻译成另一种语言，这是一个需要解决的复杂问题。最近因为深度学习的发展，已经使机器翻译变得更加可靠和可用。与大多数人工智能挑战一样，机器翻译成功的关键也是数据的可用性。像谷歌这样的公司已经使用欧洲议会的翻译转录作为其人工智能训练集，欧洲议会的会议记录由人类翻译成了 24 种不同的语言，这意味着，现在从英语翻译成法语已经非常准确了，但对于不常见的语言，例如柬埔寨的官方语言高棉语，翻译一般都要通过中间阶段

（通常是英语）来完成。中文对于机器翻译来说是出了名的困难，主要是因为将中文句子作为一个整体来编辑是一个比较大的挑战，有时必须编辑任意的字符集，这会导致输出错误的翻译结果。

机器翻译的自然进化是语音的实时翻译（《银河系漫游指南》中的巴别鱼就是一个缩影）。目前，智能手机应用程序已经能够阅读和翻译标识（使用图像识别、自然语言理解和机器翻译），并能在两个人用不同语言交谈时充当翻译。不过这些功能还是不如打字翻译来的可靠，而且只适用于常用的语言翻译，但机器翻译这项技术在业务环境中的潜在用途是巨大的。

自然语言理解正在引领人工智能在业务领域进行发展，它使得我们可以用自己觉得最舒服的方式与计算机进行交流，就是说我们不一定都要成为计算机高手才能和计算机有效地一起工作。但是，自然语言理解本质上是一个难度较高的技术挑战，并且将始终与人类进行比较和评估（不像其他人工智能能力，自然语言理解是可以轻松超越人类表现的）。因此，可以说在与人类无异之前（即真正通过图灵测试），自然语言理解将会一直受到批评。不过，在正确的环境和正确的流程中应用，自然语言理解可以为业务带来实质性的收益。

6. 优化

迄今为止，在我所讨论的所有能力中，我们一直在处理数据，将其从一种形式转换为另一种形式（从图像到描述，从声音到文字，从文字到有实际意义，从文本到信息，从大数据到元数据），但对我们来说，即使转化后的数据比源数据有用处得多，我们也还没有对数据做任何真正有意义的事情，这时人工智能能力中的优化能力就有了用武之地。

人们普遍认为，优化是人工智能的核心工作，它在不必调用真正的认知理解的情况下，就能模仿人类思维过程，这是我们得到的最接近的类比。

为了简明起见，我使用了"优化"这个标题，但它实际上包括了问题解决和问题规划，这使其成为一个相当宽泛的主题，而且背后有很多科学依据。这种能力的广义定义是：如果你知道一组可能的初始状态，也知道你的期望目标，还知道所有为实现目标可能的要做的行动的描述，那么人工智能就可以定义一个解决方案，这种解决方案能使用从初始状态出发的最佳行动序列来实现目标。

正如我在第 2 章开头所讨论的那样，以往优化和问题解决是通过"专家系统"来实现的，而专家系统实际上是人类必须在前期设计和配置好的决策树。随着机器学习的出现，大部分的设计和配置都由人工智能本身通过极端的"试错法"来完成（顺便说一句，知识型人工智能系统在当今世界仍有一席之地，我将在后面讨论该话题）。

这里有一个有用的方法来了解优化能力，就是看人工智能是如何学会玩计算机游戏的。科学家和研究人员将计算机游戏作为一种测试和基准，以检验他们系统的"聪明"程度：这个特定的人工智能在玩该特定游戏时能不能击败最好的人类游戏玩家？这也为解释不同的优化方法提供了一个非常有用的方式（也就是说，通过观察人工智能在游戏中的表现，我们可以更好地理解不同优化方法的原理和应用）。

例如，人工智能在击败国际象棋冠军加里·卡斯帕罗夫（Gary Kasparov）时采用的其实是蛮力算法：通过穷举所有可能来解决问题，从而找到最优的落棋路径。与其说这是人工智能，不如说它是逻辑。然而，人工智能要在"打砖块"或"太空侵略者"游戏中获胜，就需要深度神经网络和所谓的"强化学习"（稍后再解释）。这些人工智能只被告知最大限度地取得最高分的目标，而没有其他关于如何玩游戏的信息，它们最初通过感知屏幕的状态，并尝试许多不同的方法，直到分数增加（射杀外星人、不被轰炸等），然后通过强化，它们可以制订策略（例如在"突围"游戏中把球传到墙后），从而获得更高的分数。这是人工智能自我学习的一个很好的例子，但它是在一个相对简单的环境中。

而说到学习中国的围棋，事情就变得复杂和棘手多了。直到现在，能够让一台计算机下围棋，仍然是人工智能研究人员所希望拿到的"圣杯"，这主要是因为下围棋更多的是依靠"直觉"而不是逻辑，同时也是因为围棋可能的棋步组合数量是国际象棋的数万亿倍（围棋可能的棋步比宇宙中的原子数量还要多）。2016 年，由谷歌旗下的英国公司深度思考（DeepMind）设计的人工智能，以四胜一败的成绩击败了欧洲最好的围棋手。这套系统被称为阿尔法狗（AlphaGo），它采用了同样的强化学习概念，这次的"胜利"是基于研究人类围棋比赛的 3000 万步棋。然后，它和不同版本的自己进行数千次的对弈，以找出最佳策略，并利用这些策略为实际比赛制订长期计划。显然，在第二场比赛中，人类棋手李世石表示"从来没有感到自己如此被动"（必须承认，许多人对人工智能心存恐惧）。此后，阿尔法狗以三局全胜零负的成绩击败了世界围棋高手柯洁。

所以，优化能力的关键特征是有一个要实现的目标，即一个需要推理的想法、一个需要解决的问题或一个需要制订的计划。最简单的形式是通过反复地试错，稍微地改变一下环境或采取一些小的行动，然后对情况进行评估，看是否更接近目标。如果更接近目标，它就会继续向下走并做进一步的改变，如果不接近目标，它就会尝试一些不同的措施。

我在上面的游戏例子中对优化过程的描述过于简化，实际上还有一些细微之处，它们共同提供了人工智能优化能力。下面介绍一些最常见的构筑优化的方法，其中大部分方法都是有内在的相互联系的。

认知推理系统是旧的专家系统的现代等价物（这就是为什么有些人不愿意把它们描述为真正的人工智能）。它们的工作方式是为需要建模的特定领域创建一个"知识图谱"（见图 3.2），这意味着该类系统不需要对任何数据进行训练，只需要访问人类专家提供的"答案"。这些知识图谱将概念（例如食物和人）与实例（如薯片和安德鲁·伯吉斯）和关系（如最喜欢的食物）连接起来。不同的关系可以根据它们的可能性有不同的权重或概率，这意味着可以通过对系统进行询问来提出建议。与决策树不同的是，只要定义了目标（"安德鲁最喜欢的食物是什么？""哪个人喜欢薯片？"），系统可以从图谱上的任何一个点开始，并且可以处理更加复杂的事情：它的"聪明"之处在于，它使用图谱上的最短路线来得出推荐结果，而不是询问一系列的线性问题。与机器学习方法相比，认知推理系统有一个主要的优势，那就是提出的建议是完全可追溯的：没有机器学习系统所具有的"黑匣子"特性诟病。因此这类系统非常适合"需要展示其工作"的受监管行业。

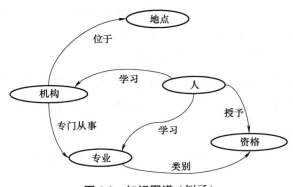

**图 3.2　知识图谱**（例子）

除了认知推理，大部分的人工智能优化方式都是围绕算法进行的。一个关键的人工智能概念是将一个大问题分解成一些小的问题，然后记住每个问题的解决方案，我们称这种方法为动态编程。例如，硬币兑换问题就是这种方法的缩影，即如何用最少的硬币数来达到给定面额。假设硬币的单位是 1 美分、4 美分、5 美分、15 美分、20 美分（译者注：一种假设，请勿与实际较真），需要兑换的总金额是 23 美分。如果系统将这个硬币问题看作一系列独立的问题，会"盲目地"决定先从最大的硬币开始，然后添加较小的硬币，直到达到总数：这将是 20 美分 +1 美分 +1 美分 +1 美分，所以需要 4 个硬币。而动态系统会将问题分解成更小的问题，并存储每个最优解，这样答案会是 15 美分 +4 美分 +4 美分，所以只需要 3 个硬币。

动态系统的工作原理是通过预测最终目标可能基于的不同方式，分析可以采取的各个步骤的大量样本。那些能实现或接近预期目标的行动样本被记忆为有利的行动，因此更有可能被选择。

一种常见的方法叫作蒙特卡洛树搜索（Monte Carlo Tree Search，MCTS）。例如，在下棋的过程中，它可以"演算"出许多不同版本的双方潜在棋步，每一步棋都会产生一个子棋的分支树。利用反向传播（一种反馈循环的形式），那些达到预期目标的棋步会加强每个节点之间的联系，从而使它们更有可能被采用。

这些类似蒙特卡洛树搜索的方法也有几个缺点：它们需要在尽可能覆盖多个移动的广度和小样本移动效率之间取得平衡（这就导致了子节点内置的选择具有一定的随机性），而且它们会很慢才能找到到最优的解决方案。

强化学习（Reinforcement Learning），是目前非常活跃的一个人工智能领域，它有助于缓解以上提到的一些低效率。强化学习实际上是动态编程的延伸（有时称为"近似动态编程"），用于解决一些比硬币兑换或简单棋盘游戏更复杂的问题，其中每一步的状态会有更多的未知因素。强化学习利用极端的试错来更新它的"经验"，然后利用这些机器学习的经验来确定下一步要采取的最优行动，也就是能让它更接近实现目标的行动。这种方法与第 1 章中介绍的监督学习方法略有不同，因为在训练中从未给出"正确答案"，也不会明确地纠正错误：机器通过不断地试错迭代来自己学习这一切。

在强化学习中通常采用的一种策略是让人工智能系统之间相互对弈。比如，在接受了人类棋谱的训练后，深度思考公司的 AlphaGo 与自己（确切地说，是两种稍有不同的 AlphaGo 相互对弈）进行了数千场比赛，以进一步完善自己的棋谱。如果它只从人类棋谱中吸取教训，那么它的水平只能与人类相当，而如果它自己玩，就有可能超越人类的技能水平。这种方法被称为生成式对抗网络（Generative Adversarial Networks，GAN），它允许算法自我调整，是运行模拟以测试人工智能系统可行性和运行不同博弈场景的好方法。

人工智能优化方法有另一个"弱点"，即系统往往着眼于短期收益而忽略长期战略。人工智能的发展如今已经可以看到许多不同的系统结合在一起，同时提供这两种视角，尤其是在特别复杂的领域："策略"算法将着眼于下一步的最佳行动，而"价值"算法将着眼于问题或游戏如何结束。然后这两种算法可以一起工作，以提供最好的结果。

脸书已经能够训练聊天机器人代理在简单的事情上进行谈判，在某些情况下，它能做得和人类一样好。脸书在人工智能研究上首次使用监督学习来训练机器人代理处理大量的人与人之间谈判的脚本，在这个阶段，系统帮助他们模仿人类的行为动作（语言和表达意思之间的对应），但并没有明确地帮助他们实现目标。为此他们使用了强化学习的方式，两个人工智能代理将"练习"与对方谈判（有趣的是，在这个阶段他们必须固定语言模型，因为他们发现，如果允许机器人代理继续学习语言元素，这些机器人就将开始创建他们自己的私有语言）。在每次谈判结束时，机器人代理将根据其成功实现的交易获得"奖励"。然后，通过模型反馈来获取学习信息，使机器人代理成为一个更好的谈判者。经过训练，应对相同类型的事务，它就可以和人类进行谈判，其能力与其他人类谈判者的能力不相上下。

一个名为 Libratus 的人工智能系统，利用三种不同类型的人工智能技术在扑克游戏中击败了经验丰富的玩家：第一种技术依靠强化学习来从零开始自学扑克游戏；第二种技术专注于游戏的最后部分，让第一种技术可以专注于马上要采取的下一步动作；因为一些人类玩家能够发现机器下注的趋势，所以，第三种技术专门用于检测这些趋势，并引入额外的随机性来隐藏其行动轨迹。

人工智能的优化能力可以应用于许多情况，这些情况会需要实现特定的目标，例如赢得一手扑克或谈判物品，正如我前面提到的，它可以提供超越人类能力的性能。优化功能的其他典型用途包括路线规划、为倒班工作人员（例如护士）设计轮班表并提出建议。

本节中描述的所有方法只是人工智能尝试解决问题的示例，但也应该能让你对可以采用的一般策略有所了解。其核心思想是将大决策分解为许多小决策，然后通过试错法对这些小决策进行优化，以实现既定目标或使得特定的回报最大化。

7. 预测

预测采用了人工智能的一个核心思想，它使用大量的历史数据来将新的数据匹配到已识别的组，因此，预测通常是本章前面介绍的聚类功能的后续。

我已经提到的预测的一种较常见用途，是推荐相关的在线购物（"您购买了这本书，因此您可能会喜欢另一本书"）。因此，在这种情况下，零售商所谓的"推荐"实际上是他们为了向你出售更多商品而做出的预测。

某些决策也可以描述为预测，例如，如果你申请的贷款是由机器评估的，人工智能将尝试预测你是否会拖欠贷款，它将尝试将你的个人资料（年龄、工资、固定支出、其他贷款等）与具有类似个人资料的其他客户进行匹配，如果其他匹配的客户通常拖欠贷款，那么你可能会被拒绝给予信贷额度。

预测也可以基于搜索功能实现，由于搜索可以在文本中查找模式，因此可以将其模式与某些预定义要求中的模式进行匹配，例如，可以将简历与职位描述进行匹配，以预测该职位的优秀候选人。

预测功能与优化的不同之处在于它没有特定的目标可以实现，没有确定要实现特定目标的步骤："只是"将新数据点与历史数据进行匹配。

简单来说，预测可以通过仅考虑一些"特征"来实现：这些特征是被监测的特定特征，例如房子的卧室数量和花园的大小。如果你有一张表格，上面有这些数据和每套房子的实际价格，那么只要你知道另一套房子的卧室数量和花园的大小，你就可以利用这种能力来预测房子的价格。而且你不一定需要人工智能来做这件事，甚至不需要计算机。

但一般来说，决定房子价格的因素（或特征）不止这两点。你可能还会考虑它有多少层，是独栋、公寓还是平房，是否有停车位、杂物间、游泳池，它的地理位置等，所有这些因素会使得预测房子的价值变得更加困难，所以我们不得不使用一些人工智能"魔法"来做这件事情。

显然，考虑的特征越多，需要使用的训练数据就越多，这样才能捕捉到所有特征的尽可能多的"变化"，并将其建立到模型中。这个模型将考虑到每个特征对房价的不同影响（或"权重"）。通过输入不同房子的特征值，该模型会尽可能地拟合（在本例中使用回归分析）这些特征，从而预测出该房子的价格。正常情况下，系统会给出一个置信度（即正确的概率）。

一旦这些房子的特征数量达到数百或数千，那么事情就会变得更加复杂：这意味着需要更多的算法、更多的训练数据和更强的计算能力。在这一点上，用于天气预报的系统是世界上最强大的系统之一。

预测能力的一个重要方面是要记住它的本质是"天真"的。我的意思是说，它只是在操纵数字，并不了解这些数据的实际意义。这些房子的特征可能是汽车特征、天气特征或人的特征，但对计算机来说，它们只是数字。

这种"天真"虽然看起来是一种美德，但也是"预测能力"的最大的挑战之一：那就是数据训练导致的偏见或倾向。通常人工智能之所以受到称赞，是因为它不受人类固有的偏见影响（有许多研究表明，虽然人们可能声称在招聘员工等方面没有偏见，但通常实际中会存在着某种无意识的偏见或倾向）。但是，如果训练数据本身就包含偏见，那么训练出的人工智能也会带有这些偏见。

人工智能预测能力的另一个关键问题是决策过程的不透明性。当人工智能做出预测时，例如一个人很有可能拖欠贷款，因此拒绝其申请的贷款，这个预测要基于所有的训练数据。也就是说，机器先利用训练数据建立一个算法模型，然后用该数据模型从中预测新的案例。然而对于复杂的算法模型，这只是一堆数字矩阵，对于试图读懂它的人来说是没有任何意义的，因此很难知道拒绝这个人贷款的原因（由于这些数字之间的关系非常复杂，所以即使算法预测了某个人会拖欠贷款，我们也很难具体知道是哪些因素导致的）（反而是更简单的算法模型，如分类和回归树，提供了一些透明度，因此更受欢迎）。当然，我们不需要了解每一个预测的工作原理（如果能知道房价预测工具为什么会得出这样的估值，那就很有意思了，其实我们最关心的是实际的房价），但有些行业尤其是那些被监管的行业，会有这样的要求。另外，如果你是被拒绝贷款的人，你也是应该有权利知道被拒的原因的。

目前，很多事情都利用了人工智能的预测能力，其中包括在美国的一些法院预测被告的风险状况。当这些预测的后果可能会对某人被判无罪还是有罪产生影响时，那么我上面所描述的挑战确实变得非常严重。正如梅尔文·克朗斯堡（Melvin Kranzberg）在技术第一定律中简明扼要地阐述：技术既不是好的，也不是坏的，它也不是中立的。关于"算法透明""天真"和"偏见"的挑战将在第 8 章中详细讨论。

人工智能预测是目前最活跃的领域之一。在有很多优质数据的地方，一般都可以从这些数据中做出预测，当然这并不意味着一定要进行预测，也不意味着在任何方面预测都会有用。但在很多情况下，预测确实是非常有益的，包括预测估值、收益率、客户流失以及预防性维护需求和产品需求。

8. 理解

我在书中加入人工智能理解这一部分，只是为了向企业或研究实验室以外的人描述人工智能世界当前不具备的东西。对于所有营销部门所进行的过度宣传和炒作来说，这应该被看作一种反制措施。

我所说的"理解"，一般指的是机器对自己正在做的事或正在想的事（或表现出像它在做或在想一样，见下一段）有意识的能力。这意味着它能够理解人类的意图和动机，而不是仅仅盲目地计算数字。它通常用通用人工智能（Artificial General Intelligence，AGI）的概念来描述，这种通用智能是指人工智能能够模仿人脑的所有能力，而不仅仅是我们到目前为止所讨论的那些非常狭隘的能力。

对通用人工智能的描述有一个有趣的微妙之处，哲学家约翰·塞尔（John Searle）将其分为"强人工智能"和"弱人工智能"。强人工智能系统可以思考并有思想，而弱人工智能系统（只能）表现得像它可以思考和有思想，前者假定机器有一些特殊的情况超出了我们可以测试的能力。未来学家雷·库兹韦尔（Ray Kurzweil）简单地将强人工智能描述为计算机的行为就像它有思想一样，而不管它是否真的有思想。因为我们要处理的是实际问题而不是进行哲学辩论，所以就我们的目的而言，我们将坚持这个定义。

那么，我们该用什么样的测试来宣称人工智能的强大呢？图灵测试是人工智能的一个（有限的）测试，人们提出的其他测试还有：

1）咖啡测试（Wozniak 提出）。机器的任务是进入一个家庭并制作咖啡。它必须找到咖啡机，找到咖啡，加水，找到杯子，并通过按下适当的按钮来冲泡咖啡。

2）机器人大学生测试（Goertzel 提出）。机器的任务是进入大学学习，参加和人类一样的课程并通过考试、获得学位。

3）就业测试（Nilsson 提出）。机器的任务是从事一项具有经济意义的重要工作，并且在相同工作中，必须表现得和人类一样好或达到更好的水平。

没有任何人工智能系统能够在严格意义上接近于通过这些测试，任何接近通过测试的系统都是由许多不同类型的人工智能组合起来的。正如我在本章前几节所描述的那样，有许多不同类型的人工智能能力，每一种能力在它所工作的领域都是非常专业的。这意味着，例如，一个用来进行图像识别的人工智能能力在处理语言方面将毫无用处，这就是狭义人工智能（Artificial Narrow Intelligence，ANI）的概念。即使在我所描述的能力组合中，具体用途之间也很少或没有交集，例如我有一个从发票中提取数据的系统，如果不在开始的时候就训练系统，它将无法为汇款建议做同样的事情；如果我想把一个训练有素的发票提取系统从一个企业带到另一个企业，情况也是如此，因为企业之间可能存在很大差异，这意味着需要重新培训该系统。

我们人类的大脑比人工智能聪明得多的地方在于，人类大脑能够在不同的情况下使用不同的认知方法和技术，重要的是，它能够从一种情形中吸取经验，并将其应用到完全不同的情形中。例如，我可能知道房子的价格一般会随着卧室数量的增加而增高，那我就可以把同样的概念应用到其他事情上（如硬盘容量越大，计算机价格越高），但同时我也知道这不应该适用于所有的情形（如轮子越多，车一般不会越贵），而目前人工智能还做不到这一点。

目前为尝试和创造通用人工智能，人们正在做一些工作。在瑞士全国范围内，有个"蓝脑项目"（该项目旨在通过逆向工程改造哺乳动物的大脑电路，实现大脑的数字化重建），还有美国的 BRAIN 项目，也在寻找真实大脑的模型。OpenCog 组织（开源 AGI 研究平台）、红木理论神经科学中心和机器智能研究所等组织也都在研究通用人工智能的各个方面走在了前沿。

有趣的是，在让神经网络记住它们之前所学的东西方面，人类已经取得了一些进展。这意味在理论上，它们能够使用从一个任务中学习到的知识，并将其应用到第二个任务中。虽然这对人类来说很简单，但"灾难性遗忘"（当引入新的任务时，新的适应性会覆盖系统之前获得的知识）是神经网络的一个固有缺陷。谷歌旗下的英国人工智能公司深度思考（DeepMind）正在开发一种名为"弹性权重巩固（Elastic Weight Consolidation）"的方法，它允许计算机在学习新任务的同时，保留一些学习前一个任务时的知识（他们实际上是用不同的 Atari 计算机游戏作为测试任务）。这让人看到了希望，但距离投入实际使用其实还有很长的路要走。

尽管在这方面有的研究取得了一些小进步，但计算机要具备从根本上理解自己正在做的事情的能力，仍然有很长的路要走（有些人认为，这目标永远不可能实现）。即使使用约翰·塞尔对弱人工智能的定义，也需要跨越重大障碍。其中有些是非常技术性的（例如灾难性遗忘这个挑战），有些则仅仅是因为目前还没有所需的计算能力。但是，正如本书中所描述的那样，狭义人工智能正在取得巨大的进步，这些进步为人们和企业带来了真正的好处。其中一些益处使我们的生活变得更简单，而另一些益处则能够在特定任务中远远超越我们自身的能力。通过了解这些能力中的每一项，以及它们各自的局限性，我们能够从现在和将来的人工智能技术中获益良多。

## 3.3　使用人工智能能力框架

为了让人工智能这个纷繁复杂且常常令人困惑的领域变得更加清晰和有序，我尝试使用人工智能能力框架并通过将其"归纳"为一组独立的能力来解释和澄清人工智能，希望能够让那些想从技术中获益但又没有技术能力来理解我在本章提供的高层次技术内容的人们了解人工智能。

我已经试图尽可能区分每一种能力，但每种能力之间不可避免地存在一些重叠，例如语音识别和自然语言理解之间，以及聚类和预测之间。这些能力之间的界限是模糊的，有些人会把语音识别和自然语言理解都描述为自然语言处理的一个子类，但我认为它们作为独立的能力会更合适；有些人可能会把规划和优化分离出来，但我认为它们之间的联系足够紧密，可以把它们作为一个整体。所以，请不要太纠结于一些细微的差别：人工智能是一个复杂的课题，有很多不同的观点和看法，而且还在不断变化，所以应该把能力框架当作你的使用指南而不是技术手册（见图 3.3）。

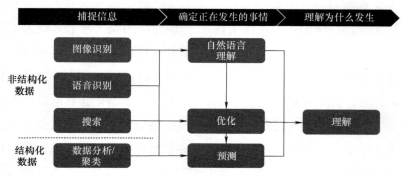

**图 3.3    人工智能能力框架**

所以，利用现在所拥有的知识，你应该能够做三件事：

1）识别适合你的业务的人工智能能力。你的业务目标是什么？人工智能是否能提供全部解决方案或只能提供部分解决方案？你是想捕捉信息还是想了解正在发生的事情，还是两者兼而有之？你是想用人工智能取代现有资源能力（计算机或人类），还是想进一步增强现有的资源能力？你需要哪些具体能力来创建一个解决方案？你是否需要采用监督学习的方法，以及你手中有哪些数据是可用的？

2）抛开炒作，展望未来。人工智能供应商到底拥有哪些能力，而不是他们自己所宣传的那些能力？这些能力与我的要求是如何匹配的？他们对自己产品的说法是否合理？是否需要用不同的人工智能解决方案或传统技术来填补这样或那样的空白？实际的方案是否会像他们宣称的那样容易实施？

3）实事求是。我可能需要的人工智能能力有哪些限制？人工智能是最合适的解决方案，还是有更简单或更有效的解决方案？我是否有足够的必要数据来训练系统？我是否需要引入外部的支持来帮助开展工作？

第 5 章提供了当下企业使用不同人工智能能力的真实案例，它们围绕着共同的战略目标（提升客户服务、优化业务流程和产生洞察力），并结合不同的能力来实现这些目标。每个例子中都提到了正在使用的能力，并酌情提及负责提供解决方案的人们所遇到的挑战和局限。

另外，我将要介绍一些方法和示例还需要额外的技术（如云计算和机器人流程自动化），才能充分发挥其价值。下一章将概述这些相关技术，以及为什么它们与人工智能如此契合。

## 3.4　人工智能创业者的看法

Cognitiv+ 是一家法律领域的人工智能初创公司，瓦西里斯·塔利斯（Vasilis Tsolis，VT）为其创始人兼 CEO，以下是我（AB）对他的采访节选。

**AB**：当初是什么让你进入了人工智能的世界？

**VT**：对于一个人工智能初创公司的联合创始人来说，我的个人背景并不显眼。我原来是一名特级土木工程师，后来通过攻读法律学位转行。毕业后，我的职业生涯在法律、工程和商业管理之间游走，涉及基础设施、建筑和能源等多个领域。几年后，我非常清楚地认识到：人们要花大量的时间阅读合同，而且大多数时候这些工作都有极大的重复性，而这正是问题所在。这些专业人士将日常生活和工作消耗在数据收集上，并没有专注于发现更高级的解决方案。解决这些问题的办法是使用人工智能解放专业人士，让他们专注于自己擅长的事情，这也是我们在 2015 年创办 Cognitiv+ 的起因。到目前为止，这真是一次奇妙的旅程。

**AB**：目前打造一个人工智能初创公司，它会是什么样子的？

　　**VT**：这个时期，人们将人工智能或尝试将它应用于我们生活的方方面面，创意有时胜过技术。在一些正在进行的重大项目中，例如自动驾驶汽车，人工智能会一直存在。现在是一个非常激动人心的时代，但人工智能在通向成熟的道路上也会遇到很多挑战。

　　在与一些专业客户的合作中，我们看到了众多的机会和几十个应用案例，有些是现在能实现的，有些是未来中期内可以实现的，有些则过于科幻，很难实现。

　　技术的进步宣传了非凡卓越的能力，这一点贯穿整个业务生态系统。客户不断被创新的想法冲击着，而成功率却参差不齐。这可能是因为他们在创业早期就遭遇了磨合问题，也可能是因为技术或主题缺乏深度，这些问题有些时候并不容易解决。

　　与任何早期采用技术的情况一样，客户和投资者会有压力来区分真正的技术专家和创新者，因为有着明确的业务技能和关于技术如何运作的内部知识的创新者，肯定会带来确定和快速的投资回报。

　　**AB**：那么你的客户从你的软件中获得了什么价值？

　　**VT**：阅读文章需要时间，而人工智能可以帮助节省时间。Cognitiv+ 公司的目标是法律文本、合同和法规语料库。

　　使用人工智能应该被视为自动化的外延，这项技术可以改善我们的生活，让事情变得更快、更简单，让我们能够以一种以前不可能的方式探索任务。例如，客户可以使用我们的软件来分析他们整个投资组合的合同风险，可以在数小时内完成，这是前所未有的方式。消耗时间的任务可以授权委托出去，来解放专业人员的时间，技术可以为他们提供前所未有的第三方风险的整体视图。

　　**AB**：如果客户或潜在客户希望从人工智能中获得最大的价值，他们需要关注什么？

　　**VT**：虽然很多公司通过开始写代码来夯实基础，但项目还需要进行大量的准备工作来确保成功。

第一个重点是数据。数据科学家需要海量的数据集，新技术在硬件创新的支持下，指挥着新的数据量。好消息是，我们每天都会产生更多的数据，但这不一定是针对专业服务的所有领域。因为一些数据监管者可以更好地从其他人那里获得数据，他们可以更快地进入到这股淘金热中。不过仅仅有数量是不够的，数据还要有质量，这也是决定能否使用这些数据的关键因素。但这是一个综合的挑战，只有将其分解，逐一了解，才能应对。

第二个重点是，团队需要尽早确定成功的标准，制订可实现的业务和技术目标。

事实上，算法提供的答案是概率性的，而不是确定性的，这使得我们管理人工智能项目的方式与以往企业参与的任何互联网转型项目都有很大的不同。

第三个重点是团队所拥有的人才和技能的多样性。业务主题专家、数据科学家和编码员之间的合理平衡将决定一个项目的成功程度。

AB：您如何看待未来几年的市场发展？

VT：虽然我可以预测未来几个月的发展方向，但不可能真正对几年后的市场做出预测。原因很简单：所有的参数都在快速变化，我们周围的数据类型、数据集的大小、算法的成熟度、硬件的改进等等，不胜枚举。

但还是有一个事情是能预测的：当我们开始使用各种自然语言处理、自然语言理解和机器学习技术来解释文本和文档时，似乎发现某些类型、某些来源的文本可以更好地进行分析。人们会发现这一点，然后会用一种易于机器处理和总结的方式写文章。为什么要这样做呢？这是因为我们会考虑为博客文章使用的标签，这将使搜索引擎优化（SEO）机器人对我们的文本进行相应的分类，并将其传播到正确（我们希望）的渠道。

通常情况下，我们用读者能够理解的方式来写作，但有时读者中也会有一些机器人。这需要怎么办呢？在对象和主题清晰，而且自然语言处理算法可以更好地使用的情况下，使用更简单、更短的表达。

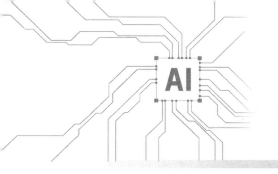

# 第 4 章

# 人工智能相关技术

## 4.1 引言

人工智能可以做很多事情，但也不是无所不能。相当多的时候，实施一个独立的人工智能解决方案，就可以达到你想要实现的任何目标。但有时，人工智能会依赖其他技术来使其良好运行，或者会对其他技术进行补充，使它们都能更好地工作。本章涵盖了一些与实施人工智能相关的技术，任何想要实施人工智能的人都需要考虑这些技术。

其中一些技术是基于软件的，例如机器人流程自动化（Robotic Process Automation，RPA）。这是一种相对较新的技术，它能使基于规则的流程自动化，但难以处理非结构化数据和做出任何决策。云计算是软件和硬件能力的结合，是人工智能的关键推动者，如果没有云计算，我们现在是不可能看到许多人工智能应用的。

此外，还有一些硬件技术可以实现人工智能，也可以被人工智能利用。物理机器人（相对于基于软件的RPA）可以随着人工智能的应用变得更加智能，而物联网（IoT）可以为人工智能系统提供非常有用的数据源。我在本章中收录的其中一项技术其实根本不是什么技术，而是由人类来驱动的：众包（Crowd Sourcing），能够以高效灵活的方式对数据进行标记和清理，因此对人工智能开发者来说非常有用。

我没有将更常见的业务系统，如企业资源规划（ERP）系统和客户关系管理（CRM）系统纳入本总结，可以认为数据来源于所有这些系统，而且一些系统声称自己内置了人工智能功能（例如电子邮件系统可以成为一个很好的数据源，也可以利用人工智能识别垃圾邮件），但总体来说，它们与人工智能只有一般的关联。

## 4.2   人工智能与云

云计算是指用在互联网上托管的远程服务器网络，来存储、管理和处理数据，而不是使用本地（内部）服务器或个人计算机来完成这些任务的"传统"方法。

由于这些存储、管理和处理数据的能力是在高性能、高容量的专业服务器上取代了用户的设备（个人计算机、移动电话等），所以云计算几乎已经成为当今人工智能系统运作方式的一个组成部分。随着云技术的成熟，云计算和人工智能将变得密不可分：很多人已经把"云端人工智能"说成是下一个大事件。

云与人工智能结合的一个比较直接的应用是提供大型公共数据集，大多数人工智能开发者是依靠这些公共数据的，只有为大型企业工作，才会有自己的数据集来训练系统。正如我在第 2 章的大数据部分提到的，存在着不少数据集，其主题涵盖了计算机视觉、自然语言、语音、推荐系统、网络和图形以及地理空间数据等各方面。

但云计算提供的功能不仅仅是数据的访问，更多的时候它还会实际处理数据。例如，消费者每次使用亚马逊的 Echo 等服务时，都能体验到这一点，虽然其设备本身有少量的处理能力（主要是识别"唤醒词"），但将这些词汇处理成有具体含义［使用语音识别和自然语言理解（NLU）］是由亚马逊自己服务器上的软件完成的。当然，执行实际的指令也是在云端完成的，也许是把指令传回家里，例如打开厨房的灯。

在企业规模上，其至更多的处理工作都可以在云端完成，云端像是个有着许多强大机器的大型服务器集群。不过这种模式最大的挑战是，数据一般也需要放在云端上，那么对于拥有大量数据（可能是PB 级的数据）的企业来说，将这些数据全部转移到云端是不切实际的。在亚马逊，为了解决上传时间非常长的问题，使用了一个巨大的货车（称为亚马逊雪地车），其中包含 100PB 的计算机存储空间：先把货车开到数据中心，并插上电源，这样数据就可以上传至货车；然后，货车再开回亚马逊数据中心，将数据全部下载。但是随着网络速度的提高，对这类物理解决方案的需求会越来越少。

云端人工智能面临的另一个挑战是，人们会认为在企业外存储数据可能是有风险的，特别是当数据是保密的情况下，例如银行客户的详细资料。现在安全方面的问题可以通过采购的云服务类型来解决：目前最好的供应商可以提供的安全条款与托管或内部解决方案一样好，甚至比它们更好。事实上，2017 年年初英国政府就发布了指导意见，其公共部门机构有可能将高度个人化和敏感的数据安全地放到公共云端中。

不过，建立一个能够有效、安全、经济地存储、管理和处理人工智能数据的运营机构所需成本意味着，云端人工智能的市场目前由少数供应商（亚马逊、谷歌和微软等）主导，这些公司实际提供了一套完整的人工智能服务，包括获取现成的算法。

一般来说，人工智能云的产品主要由四个方面组成（此处以亚马逊的模式作为描述的基础）。

1）基础设施。这包括了所有的虚拟服务器和 GPU（处理器芯片），这些服务器和 GPU 是训练和运行人工智能系统的应用程序所必需的。

2）框架。研究人员和数据科学家使用这些人工智能开发服务来构建定制人工智能系统，它们可能包括预装和配置的框架，如 ApacheMXNet、TensorFlow 和 Caffe。

3）平台。这些平台将由人工智能开发者使用，他们拥有自己的数据集，但无法访问算法。他们需要能够部署和管理人工智能训练以及托管模型。

4）服务。对于那些无法访问数据或算法的人来说，人工智能服务提供了预先训练的人工智能算法，这是在只须了解最低限度的技术工作原理的条件下，获取特定人工智能能力的最简单方法。

对于任何想要在人工智能应用中构建其能力的人来说，能够接入相对复杂的预训练算法是一个福音。例如，如果你想构建一个具有一定自然语言理解能力的人工智能应用（例如一个聊天机器人），那么你可以使用亚马逊的 Lex 算法、微软的语言分析或谷歌的 Parsey McParseFace，这些系统每一个都是一个简单的应用程序接口（Application Programming Interface，API），这意味着可以通过发送特定数据来"调用"它们，然后它们会给你返回一个结果，由你的应用程序来读取这一结果。

关于这些服务的一个有趣的事情是，它们要么是免费的，要么很便宜。微软的语言理解智能服务（LUIS）产品的费用目前是基于简单的应用程序接口每月调用的阈值：低于这个阈值就可以免费使用，而高于这个阈值每一千次的调用只收取几美分。其他算法则是按月订阅收费。

如今很多企业都在利用云端人工智能，而不是建立自己企业的人工智能能力。例如，美国俄勒冈州的一家啤酒制造商正在使用云端人工智能来控制他们的啤酒酿造过程；一家公共电视公司使用云端人工智能来识别和标记出现在其节目中的人；一些学校正在使用它来预测学生的流失率；一家快速消费品公司 FMCG 使用它来分析工作岗位的申请。

正如我在第 2 章中所讨论的那样，这些公司为什么要几乎无偿地提供人工智能技术？其动机之一就是他们可以获得越来越多的数据，而这些数据在很多方面都是人工智能的货币。不过，尽管有"贪婪企业"的色彩，但云端人工智能确实有一种民主化的感觉，越来越多的人可以简单而廉价地获取这些非常"聪明"的技术。

## 4.3　人工智能与机器人流程自动化

机器人流程自动化（RPA）描述了一种相对较新的软件类型，它可以复制人类所能做的事务性的和基于规则的工作。

为了清楚起见，区分机器人流程自动化（RPA）和传统信息技术（IT）系统是很重要的。RPA 是在其最基本的层面上，利用技术来替代一系列的人类行为（这就是"机器人"术语的来源）。相应地，并不是所有的技术都能提供自动化，用技术取代单一的人类动作（例如电子表格中的数学公式）并不被认为是 RPA。同样，许多自动化技术已经嵌入到软件系统中（例如将客户信息链接到财务和采购功能中），但由于自动化技术是系统正常功能的一部分，因此通常不被视为 RPA，而只是一个或多个更强大的系统。

在理想的世界里，所有的事务性工作流程都将由大型、全方位的IT 系统来完成，而不需要任何一个人类参与。在现实世界中，虽然许多系统可以将大部分特定的流程和功能自动化，但这些系统往往是孤立的，或者只能处理端到端流程的一部分［例如一个在线贷款申请流程，它必须从网络浏览器、CRM 系统、信用调查系统、财务系统、KYC 系统（译者注：Know Your Customer 系统，即了解你的客户系统，用于金融行业）、地址查询系统以及可能还有一两个电子表格中获取数据，并将数据输入到这些系统中］。此外，现在很多企业都有多个系统，这些系统都是作为点式解决方案合并，或者干脆通过众多的兼并和收购获得的。所有这些系统的默认"集成"其实还是由人类将整个端到端的流程联系在一起的。所以更多的时候，人类是外包服务的一部分。

RPA 几乎可以取代人类所做的所有事务性工作，而成本却要低得多（可降低 50%）。RPA 系统复制（使用简单的流程映射工具）人类所做的基于规则的工作（即在"表现层"的接口），这意味着不需要改变任何基础系统。一个单一的流程可以自动化，并在几周内创造价值。然后，如果需要的话，"机器人"可以每天 24h、每周 7 天、每年 52 周持续执行该活动，每一个动作都是完全可以监督的。如果流程发生变化，只需要重新培训机器人一次，而不是重新培训一整个团队的人类。

因此，举个简单的例子，如果一家律师事务所代表客户来管理财产投资组合，进而会在某些时候进行土地登记检查。这通常是一个律师助理的工作，该助理可能接到律师或客户直接发来的请求（通过模板、电子邮件或工作流程系统）。然后该助理从请求表格中阅读相关信息，登录土地登记处网站，在该网站上输入信息，并阅读搜索的结果，最后再将这些信息转到表格中，并对最初的请求做出回应。实际上，整个过程有可能由软件"机器人"处理，而不需要任何人工干预。

虽然这是一个非常简单的例子，但它确实展示了 RPA 的一些优点：

1）机器人的成本是人类成本的一小部分（1/10~1/3）。

2）机器人的工作方式和人类完全一样，所以不需要改变 IT 或流程。

3）一旦训练好了机器人，它就会在 100% 的时间里以相同的方式进行工作。

4）会把机器人所采取的每一步动作都记录下来，提供完全的可监督性。

5）如有必要，机器人可以在半夜或周末进行该过程。

6）机器人永远不会生病、不需要休假或要求加薪（机器人系统故障除外）。

这意味着，只要有基于规则的、可重复的、使用（或可能使用）IT 系统的过程，软件机器人就可以取代从事该过程工作的人类。其他一些可以自动化的流程的例子是：

1）员工入职。

2）发票处理。

3）付款。

4）转让处理。

5）福利待遇检查。

6）信息技术服务中心请求。

这些只是可以通过 RPA 实现自动化的各类流程中的一小部分。对后台办公环境中的流程进行任何全面的审查，都可以确定大量的自动化流程候选，以下为一些已经显示出特殊优势的 RPA 例子：

1）O2 公司用 10 个软件机器人取代了 45 名离岸雇员，每年总成本从 135 万美元降到了 10 万美元。该流程包括提供新的 SIM 卡。然后，这家电信公司将节省下来的 125 万美元用于雇佣 12 名新员工，在总部从事更具创新性的工作。

2）巴克莱银行（Barclays Bank）每年减少了 1.75 亿英镑的坏账准备金，并节省了超过 120 名全职员工（FTE）。具体流程包括：

① 欺诈性账户自动关闭程序：迅速关闭受损账户。

② 支行风险自动监测流程：核对和监测支行网络运营风险指标。

③ 个人贷款申请开通：新贷款申请实现流程自动化。

合作银行集团（Co-operative Banking Group）已经通过机器人自动化实现了 130 多个流程的自动化，包括复杂的 CHAPS 处理（译者注：伦敦自动清算支付系统 Clearing House Automatic Payment System，简称 CHAPS，是英国央行的支付清算系统，也是全球最大的大额实时结算系统之一）、万事达（VISA）扣款处理和许多支持销售和一般行政管理的后台流程。

除了节约成本，RPA 还对企业组织资源的方式产生巨大的影响：因为自动化后能有利地消减成本和风险，使得共享服务中心大规模自动化的时机已经成熟，外包流程正在被重新引入企业内部（在岸）[顺便说一句，这对业务流程外包（Business Process Outsourcing，BPO）供应商的生存能力造成了巨大的威胁]。

在实施 RPA 的过程中，需要考虑以下几个方面：

首先，需要了解机器人是"辅助"还是"非辅助"运行，辅助型机器人一般在部分流程上工作，并由人类触发运行。例如，在联络中心，客服人员接听了客户的一个电话，希望更改他的地址，一旦呼叫完成，客服人员可以触发机器人进行更改，这可能需要跨多个不同的系统。与此同时，人工客服可以继续接听另一个电话；非辅助型机器人进行自主工作，由特定的时间表（例如每周一早上 8 点）或警报（积压队列超过某个阈值）触发，它们一般会覆盖整个流程，因此比辅助机器人更有效率。不同的 RPA 软件包以不同的方式适用于这两种不同的场景。

一旦选择了机器人的类型，就可以考虑自动化的候选流程。一个好的候选流程可以有以下一些特征：

1）基于规则、可预测、可复制：流程需要在 RPA 软件中进行映射和配置；因此，它必须可以定义到按键级别。

2）高产量、可扩展：在大多数情况下，因为高频次的流程（例如每天发生很多次）能带来更好的投资回报，所以它会更受欢迎。

3）依赖多个系统：当流程必须有多个系统时，一般会雇佣人类在这些系统之间整合和移动数据，因此 RPA 就会发挥其自身的作用。

4）由于质量差而导致高风险或高成本：一般情况下，流程需要满足一定的高产量标准，但在特定情况下，由于质量差而导致高风险或高成本时，可以对低产量流程进行例外处理。例如，在支付方面，合规性和准确性是主要关注点，因此需要更加严格地控制和审核。

这些特征为大多数大型企业的 RPA 提供了许多机会，但它们也会有一些局限性，RPA 软件之所以特别受人工智能拥护者的青睐，是由于虽然 RPA 软件在管理流程的方式上非常"聪明"，但机器人实际上是个"哑巴"，它们会完全按照命令去工作，坚定不移地服从。在许多情况下，这是一件好事，但有些时候，可能存在信息的不确定性或需要做出判断的情况，这就需要人工智能的介入。

通过 RPA 实现流程自动化，最大的限制之一就是机器人需要结构化的数据作为输入。例如，电子表格、网络表格或数据库，机器人需要准确地知道所需数据的位置，如果数据不在预期的地方，那么流程就会突然停止。而人工智能，特别是搜索功能，提供了将非结构化或者半结构化源数据转化为机器人可以处理的结构化数据的能力。

半结构化数据的例子包括发票或汇款通知：文件上的信息通常是相同的（供应商名称、日期、地址、金额、增值税等），但这些信息在页面上的格式和位置可能会有很大差异。如第 3 章所述，即使每个版本的元数据可能看起来略有不同，人工智能的搜索功能也能够从文件中提取元数据，并将其粘贴到记录系统中。一旦进入主系统，机器人就可以使用这些数据进行后续的自动化处理。

机器人甚至可以将人工智能的输出作为它们运行的触发器。例如，我们可以认为一份法律合同是一个半结构化的文件（它包含一些常见的信息，如当事人的姓名、终止日期、责任限制等），人工智能搜索功能可以为企业的所有合同提取这些元数据，以便他们管理总的风险组合。如果法规发生变化，则可以触发 RPA 机器人，来更新其特定类型的所有合同（如英国和威尔士法律下的所有合同）。

另一个利用 RPA 实现流程自动化的限制是当需要把判断作为流程的一部分时，这种情况下，RPA 的表现并不太好。例如，在处理贷款申请时，初始阶段的大部分工作（如从申请人提交的网络表格中获取信息，将信息填充到 CRM 系统、贷款系统中，并进行信用检查）可以通过 RPA 自动完成。但在某些时候，需要要做出是否批准贷款的决定，如果决策相对简单，这仍然可以通过 RPA 来处理（这涉及将分数应用到特定的标准中，并赋予一定的权重，然后检查总分是低于还是高于某个阈值）。但对于比较复杂的决策，或者看起来需要"判断"时，则可以使用人工智能的预测能力（这可以通过认知推理引擎或者使用机器学习的方法来实现）。因此，利用 RPA 和人工智能的结合，可以让很多流程实现端到端的自动化，从而在本质上比部分自动化的流程带来更高的效率收益。

反过来，RPA 也可以帮助人工智能自动化工作。如上所述，机器人非常擅长从许多不同的来源提取和整理数据，因此 RPA 可以作为人工智能系统的"数据供应商"。这也可以包括对数据的操作（例如重新映射字段）以及识别任何不可用的劣质数据。

到目前为止，我主要关注的是自动化业务流程，但 RPA 也可以用于信息技术自动化流程。信息技术自动化的概念与业务流程完全相同：用软件代理代替人类员工做基于规则的工作。许多由信息技术服务中心执行的任务都可以实现自动化，常见的例子包括密码重置和在用户桌面上提供额外的软件。一位 RPA 用户报告说，他们服务中心的平均事件操作时间从 6 分钟减少到了 50 秒。

RPA 还可以在系统警报的触发下，自主地对基础设施组件进行操作，例如，机器人可以在收到服务器不再响应的警报后，立即重新启动服务器。就像业务流程自动化一样，机器人可以访问几乎任何其他系统，而且不会对这些底层系统造成任何干扰或改变。在这种情况下，RPA 可以被视为一个"元管理器"，横跨所有的监控和管理系统。

对于信息技术自动化来说，人工智能可以增强 RPA 的能力。通过利用优化和预测能力，它们可以从运行记录和其他来源进行训练，并将继续"观察"人类工程师同时从中学习。人工智能系统还可以主动监控信息技术环境及其当前状态，以识别趋势以及环境的任何变化（例如新的虚拟服务器），然后相应地调整计划。

例如，实施了 RPA 和人工智能解决方案组合的企业发现，有56% 的事件在没有任何人工干预的情况下得到了解决，同时解决问题的时间缩短了 60%。

所以，RPA 为人工智能提供了有用的补充技术。除了帮助更多的流程实现自动化，RPA 还可以辅助人工智能进行数据整理工作。当有更大的转型目标时，这两种技术也能很好地结合起来。在企业中，启用自助服务能力，能很好地改善客户服务，同时降低成本。这可以通过人工智能系统（例如通过聊天机器人）管理前端客户参与和 RPA 管理后端流程来实现。

## 4.4　人工智能与机器人

人工智能最早的实际应用是一个名为沙基（SHAKEY）的物理机器人，它是在 1966 年至 1972 年间由美国斯坦福研究所设计并制造的。SHAKEY 使用计算机视觉和自然语言处理（Natural Language Processing，NLP）来接收指令，然后将指令分解为独立的任务，并在房间里移动以完成设定的目标。虽然现在我们会认为它非常初级，但在当时，它已经列于人工智能研究的前沿。

今天，售价几百英镑的机器人吸尘器就可以自动打扫房间，虽然它们不能对语音指令做出反应，但实现起来也是相对容易的。其他使用人工智能的物理机器人的例子还有：

1）自动驾驶汽车。无人驾驶汽车和货车使用人工智能来解读从车辆传感器传来的所有信息（例如使用计算机视觉来解读传入的激光雷达数据），然后计划采取适当的动作。所有这些都需要实时完成，以确保车辆做出足够快的反应。

2）制造机器人。现代机器人更安全，也更容易训练，因为它们都嵌入了人工智能。由罗德尼·布鲁克斯（Rodney Brooks）的公司 Rethink Robotics 设计的机器人百特（Baxter）可以在没有保护围栏的情况下在生产线上工作，因为它能够在要撞到人或物体时立即停止。只需要按照所需的一系列动作移动手臂和身体，就可以对它进行训练，而不必对每个动作进行编程。

3）护理机器人。用机器人补充或替代人类对病人或弱势群体的护理，是一个有争议的话题，但护理机器人确实可以起到一些积极的作用。有一些机器人可以帮助照顾老人，它们要么能提供"陪伴"（通过语音识别和自然语言理解），要么通过帮助他们记住事情等（优化）来支持护理工作。还有一些用于医疗领域的人工智能驱动的机器人，如远程控制机器人，可以在医院内移动并通过视频和音频连接到远程位置的人类医生来问诊。

4）服务机器人。一些零售商开始使用移动机器人来迎接和服务客户。与上面描述的医疗远程控制机器人一样，这些服务机器人也内置了计算机视觉、语音识别、自然语言理解和优化功能。除了能够在商店里为顾客提供服务，不同版本的机器人还可以扮演餐厅服务员或酒店礼宾员的角色。还有一些有趣的例子，机器人通过互联网阅读资料来学习技能。有这样一个案例，一个机器人通过阅读维基指南（WikiHow）上的文章，学会了做煎饼。

5）蜂群机器人。这是机器人技术的一个特殊领域，由许多小型机器人协同工作，它们非常依赖人工智能的优化能力，不断评估每个蜂群机器人的下一步最佳动作，从而实现共同目标。一般来说，它们通常用于人类难以工作的环境中，例如灾难救援，或者更有争议的是用于战争。另外，自动驾驶也能够利用蜂群智能。

人工智能还通过类似人类的方式来帮助机器人学习。研究人员已经开发了一种方法，让仿生机器人通过"想象"站起来的感觉来学习如何站立。本质上，它使用深度神经网络运行一系列模拟，然后在实际尝试站起来时，使用第二个系统分析来自各种传感器的反馈。

因此，认知机器人，可以被认为是人工智能的物理呈现。机器人利用来自许多不同类型的传感器的输入数据，使用语音识别、图像识别、自然语言理和优化能力的组合来确定最合适的反应或行动。而且，因为是人工智能，系统可以自我学习，越用越有效。

当然，物理认知机器人也会引起我们对它恐惧，害怕它们"接管人类"。基于软件的人工智能如果停留在服务器上，是不会对人类造成威胁的，我们随时可以拔掉插头。但物理机器人可能拥有超越我们的能力，特别是如果它们能够打造更好的自己的时候。已经有例子表明认知机器人能够做到这一点，但我想请大家回到"人工智能理解"部分，看下关于狭义人工智能和通用人工智能之间的区别的讨论。虽然"机器人威胁人类安全"的风险可能存在，但是在很长一段时间内，我们不需要担心这种情况。

## 4.5  人工智能与物联网

物联网，是指连接到互联网的简单物理设备。物联网设备包括网络摄像头、智能灯、智能恒温器、可穿戴设备和环境传感器等。很多人认为，物联网与人工智能一样，是十年来的主要技术趋势之一。

当今世界上有数十亿的物联网设备，每个设备都在产生数据或对数据做出反应，这在一定规模上创造和消耗着大数据，这也是为什么人工智能与物联网有如此密切的共生关系。

如今，物联网设备在企业中的应用有：

1）通过分析来自传感器的数据来管理预防性维护计划，这些传感器是嵌入到设备中的（如自动扶梯、电梯和照明）。

2）通过监控产品的流动来管理供应链。

3）通过分析机器的能耗和用水量预测其需求，以节约能源和用水（每 15min 监测一次能源使用情况的智能电表已经在许多家庭中普及）。

4）通过提供基于物联网数据的个性化内容，来改善客户体验。

5）通过分析田间传感器，提供精确的浇灌程序等，以提高作物产量。

6）通过将空的车位与车辆及其司机匹配来缓解停车问题。

7）通过可穿戴设备监测和分析我们的行走步数和运动模式，使我们更加健康。

"物联网＋人工智能"的成功案例之一是谷歌宣布他们能够将其中一个数据中心的制冷能耗减少40%。通过使用深度思考（DeepMind）的人工智能技术，他们能够分析来自许多不同类型的传感器（如温度计、服务器风扇速度传感器，甚至检测窗户是否打开的传感器）的数据，精确地预测需求，从而指导各种机器以其最佳水平工作。

物联网和人工智能的另一个关键助力领域是智能城市发展。物联网设备用于跟踪和提取来自交通、废物管理、执法和能源使用等各方面的数据，人工智能的聚类、优化和预测系统分析这些数据，并将其转化为有用的信息，然后提供给相关部门、城市居民和其他机器。例如，街道上的路灯和市政设施中的传感器能够测量人流量、噪声水平和空气污染程度，然后利用这些数据优先提供其他服务。

物联网普及的最大挑战是与之相关的低安全性。许多设备只有基本的认证功能，而不能更改密码。例如有一些案例中，婴儿监视器允许陌生人监控摄像头画面；黑客能够接管联网汽车的娱乐系统和中央锁系统；而最令人担忧的可能是，黑客可以入侵医疗设备系统，向药物输液泵发送致命剂量的药物的命令。好消息是，经过这些备受瞩目的案例，目前许多技术公司的议程上，已经把物联网安全问题提到了非常重要的位置，公司采取了很多措施来解决所有问题。如果你正在考虑实施物联网战略，请务必将安全问题放在考虑的首位。

随着人类使用越来越多的物联网设备，它们产生的数据将更需要人工智能来使之变得有意义。数据分析可以由诸如执行器和灯等物联网设备来实现。与智能城市的例子一样，真正的价值体现在这些数据在各种组织、人和其他机器之间的共享和协作上。

## 4.6　人工智能与众包

有时，人工智能根本无法胜任一项工作，所以你需要把人类拉进来帮助完成这个过程。

这种情况的一个典型例子是：一个自动化流程的源文件是手写的。我们已经知道，人工智能可以从非结构化文档中提取结构化数据，但这种情况适用的前提是非结构化文档首先是电子格式。光学字符识别能够将 PDF 等标准化文字文档转换成电子格式，但如果源文件是手写的，那么这个挑战就变得非常困难。

解决这个问题的一个办法是使用众包服务。众包是指大量的人参与到一个过程的小部分（"微型任务"）中来。这种参与模式通常是通过互联网，每个人每完成一个微型任务都会得到一份特定的报酬。

在上面的例子中，我们可以把一份文件分割成许多不同的任务，例如发送名字到一个人，发送姓氏到另一个人，发送社会保险号到第三个人，每个人都会看笔迹的图像，并对它所代表的文字做出回应。由于每个人只能看到一小部分信息，因此保密性得到了保障。为了提高准确度，可以将一张图片发给多个人，然后选择最常见的答案。可以用特定的软件管理客户和众包人群之间的界面，包括将文件分割成更小部分的功能。

众包在人工智能领域的第二个作用是，当人工智能对自己的答案不够自信时（这可能是因为问题太复杂，或者人工智能之前没有见过的特定问题，见图 4.1），提供额外的能力（人工干预）。

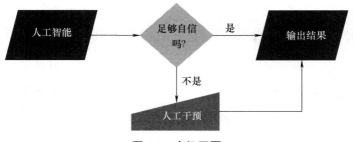

**图 4.1　人机回圈**

在这种情况下，人工智能会将问题发送给一个人去回答。例如，一些人工智能系统用于管理和控制社交媒体网站上的攻击性图片，如果这些系统不确定某张图片是否具有攻击性，它会询问人类的意见。这种方法通常被称为人机回圈（Human In The Loop，HITL）。

人机回圈的增强版是将人类的输入用于主动训练人工智能系统，因此，在攻击性图像的例子中，人工智能将会接收到人类选择（攻击性或非攻击性）的反馈，从而改进学习，并在将来表现得更好（见图 4.2）

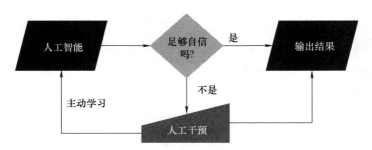

**图 4.2　通过人类参与的训练**

人工智能众包的第三个用途是开发训练数据。正如我在第 1 章的技术概述部分所讨论的那样，监督学习方法需要对数据集进行适当的标记（将狗的图片标记为狗，将猫的图片标记为猫等）。由于需要大量的数据集，所以对所有这些数据点进行标记的工作是非常耗时耗力的，众包可以满足这一要求。谷歌自己也付出了数千万个工时来收集和标记数据，并将这些数据输入到他们的人工智能算法中（见图 4.3）。

**图 4.3　众包数据训练**

最受欢迎的众包网站是 Mechanical Turk（亚马逊旗下），但还有其他网站，如 Crowd Flower，它专注于支持人工智能社区。有的众包网站还从有偿众包（Impect Souring）的角度出发，从事这项工作的人在某种程度上处于弱势，而这项工作给了他们新的机会。

所以，尽管人工智能做的事情很神奇，但在某些时候，它要完成的部分工作还是要依靠人类的训练或是人类直接帮助它做决策。

## 4.7　成熟的人工智能供应商的观点

Celaton 是一家在提供人工智能软件方面处于领先地位的供应商，以下是我（AB）对 Celaton 的 CEO 安德鲁·安德森（Andrew Anderson，AA）的采访节选。

AB：当初是什么契机让你进入了人工智能的世界？

AA：我的故事开始于 2002 年，我把之前的软件公司卖给了一家规模更大的公司。在当时的情况下，这家公司率先将软件作为服务提供，我们对它的描述是"应用服务提供商"。后来我作为其产品开发副总裁，继续收购、授权和开发了大量的软件应用程序。所有这些应用程序都是作为服务提供给许多不同的组织，为他们解决许多所面临的挑战。然而，尽管我们有了这些技术，但是仍然无法解决一些数据处理方面的难题，因为每天流入企业的都是非结构化数据和各种各样的（人类创造的）数据。这仍然是一项需要手动、劳动密集型的工作。

2004 年，我看到了一个机会来解决该问题，于是我买回了我的公司，和我的开发团队一起尝试建立一个"服务"平台，该平台能自动处理非结构化的各种数据。当时我很乐观地认为我们将在一年内建立一个解决方案，而实际情况是我们花了 6 年多的时间，才打造了一个具有学习能力的平台，从而使我们可以将所创造的东西描述为"人工智能"。事实上，直到我们向分析师展示了这个平台，他们才知道我们究竟创造了什么。从 2011 年到 2013 年经过不断尝试和实践，我们意识到我们产品的最大价值是为那些与要求苛刻的消费者打交道的大型、雄心勃勃的企业提供服务，从而帮助他们更好地与消费者进行互动和沟通。

AB：你认为人们现在为什么如此热衷于谈论人工智能？

AA：因为人工智能承诺太多的事情，所以它比以往任何时候都更受关注，而这些承诺是否能够实现还有待观察。我们应该适度地看待人工智能的潜力和承诺。虽然人工智能有巨大的潜力，但我们也需要保持现实的态度，并意识到其发展是一个长期的过程，还需要克服许多技术和概念上的挑战。

现在出现的是擅长特定任务的专业人工智能，而不是无所不能的通用人工智能。虽然有许多案例研究表明，特定或狭义的人工智能也在带来真正的利益，但人们经常将它与通用人工智能混淆（其原因主要是人们对两者的概念和技术混淆）。

在推广和应用人工智能方面，数量是很重要的，也就是说要花费时间和精力来说服足够多的组织去尝试使用人工智能技术。每个新的客户都意味着一个新的研究案例，而新的案例研究又会吸引新的客户。但这也可能成为媒体过度宣传炒作的素材，因此我们还是要理性地看待人工智能技术的发展和应用。

自从人类发明车轮以来，自动化就一直存在。世界一直在不断地发明和创造新的事物，这就是为什么我们能看到技术在不断前进。随着技术的进步，以前感觉遥不可及的成果如今也能得以实现。

各种形式的自动化都在加速发展，随着人工智能的出现，似乎一切都可以自动化。现在人工智能侵占了一些被认为需要通过人类工作的领域，这种消息被媒体大肆报道后会对人工智能产生负面影响。

总之，虽然现实（即案例研究）有助于激发未来的潜力，使人们可以真正看到未来，但是我认为人们谈论人工智能的时候，更多的是关注它的潜力，而不是它的现实。

AB：你的客户从你的软件中得到什么价值？

AA：根据客户的不同要求，这个问题有不同的答案。一般是先了解客户的想法，然后对其做出反应和回应，使得他们可以用更少的人，更快地提供更好的服务。总而言之，我们的软件能使客户获得竞争优势，保障合规性并能提升其财务业绩。

AB：如果客户或潜在客户要想从人工智能中获得最大的价值，那他们需要关注什么？

AA：我认为关键不在于关注技术，而在于理解他们想要解决的问题。许多人（在组织内部）难以理解自己的问题，因此他们难以确定可能有助于解决所面临问题的技术。

这就是经验丰富的咨询公司的重要性所在：了解问题，能够选择和应用最合适的技术，然后分享故事案例。

通常人们认为人工智能是解决所有问题的"灵丹妙药"。现实情况是，没有这种神奇的药，不同的问题需要不同的解决方案。关键是要和能帮助理解问题的人交流，以便他们能开出合适的"药方"。也就是说，人工智能是一种工具，需要有专业的人来指导使用，才能真正发挥它的作用。

AB：你认为目前的炒作可以持续吗？

AA：我想，我们现在看到的所有炒作并没有什么不同，宣传和炒作往往都是些许夸大的，都是为了创造知名度、吸引客户的兴趣，从而使公司走在行业的前端，某种程度上炒作是有益的，只是要保持理想，不要过度。

这次不同的是，技术创新的速度更快，创新内容可以很快被验证，有时"过度"炒作的情形不易被大家感知。

然而不管事物发展的速度有多快，人类才是限制因素。人工智能可以解决的问题越大，人类就越有可能采用它，从而获得成功。

# 第 5 章

## 人工智能应用

## 5.1 引言

到目前为止，我一直在理论化上解释人工智能的能力和它所需的技术类型。在本章中，我将改变重点，探讨人工智能在企业业务中的实际应用，即企业利用人工智能来增值和改变其经营方式的案例。

我将本章分为不同的主题，来探讨业务的具体方面和人工智能增值的方式：加强客户服务、优化流程和产生洞察力。这些领域之间存在重叠（例如你可以产生关于客户的洞察力），但人工智能提供了一个通用且有用的框架来描述如何在业务进行应用。下面，我会描述在人工智能商业案例中应该考虑的不同类型的收益，这些收益可以大致映射到以下主题：

1）加强客户服务：可以带来创收和增加客户的满意度。

2）优化流程：可以降低成本、避免额外成本和遵守合规。

3）产生洞察力：可以降低风险、减少损失、缓解收入流失。

这些主题都将利用人工智能框架中的不同能力，每个主题至少会使用一种能力。

我试图从广泛的行业范围中找些例子，并刻意不将案例研究归入特定的行业，这样做是为了避免你跳过那些与你并不直接相关的行业。我坚信，不同的行业之间是可以相互学习借鉴的，例如，即使你在零售业工作，你仍然可能从公用事业部门的一些事情中获得一些灵感。

## 5.2 人工智能是如何提升客户服务的

实施人工智能比较活跃的是"前线办公室"，是因为通常在这里有大量的客户数据可供利用，而且聊天机器人的应用数量较多。

聊天机器人有各种各样的"形状"和"大小"，这是个相当礼貌的说法，其实要想表达的是有表现很棒的聊天机器人，但也有表现非常糟糕的聊天机器人。聊天机器人旨在通过输入界面与客户进行自然对话，它使用自然语言理解作为其关键的人工智能能力。这意味着，在理论上如果客户想要在系统里更改地址（这是他们在人工智能中的"意图"），可以用任何他们想用的方式与聊天机器人交谈（例如"我要搬到新房子""我有了一个新地址""我不再住在同一个地方了""我的邮政编码变了"等等），聊天机器人仍然能明白该客户的意图。

在现实中，这对聊天机器人在自然语言理解上的应用来说是一个很大的挑战，大多数聊天机器人都使用一个等价短语"词典"（例如，如果输入的是"我有了新地址"或"我要搬到新房子"，那么意图就是"客户想要改变地址"）来做参考。当然，因为必须要识别和输入每一个备选短语，增加了设计聊天机器人的复杂性。

一些聊天机器人会大量使用多重选择题。因此，聊天机器人不会依赖于理解客户输入的内容，而是会问一个问题，这个问题会有限定数量的答案（例如，是 / 否，查询余额 / 付款 / 更改地址等）。这样可以更高效、更准确，但这并不是一个自然的对话。

聊天机器人面临的另一个挑战是人工智能如何进行与客户的下一步对话。最简单也是最常见的方法是决策树，其中每个问题将根据答案分支出一个新的问题。如果要处理的对话流程是复杂的，也导致决策树过于庞大和复杂。一个更好的方法是让认知推理引擎完成所有的"思考"，而聊天机器人则继续进行对话，这会给聊天机器人处理对话流程提供更大的灵活性。认知推理系统在第 3 章的优化部分已有介绍。

赋予聊天机器人最纯粹的人工智能方法是用成千上万次人与人之间的聊天对话来训练它们，标记每一次对话互动的意图以及是否有成效。聊天机器人系统可以通过这些历史互动有效地学习知识图谱（也就是本体）。而挑战在于这些系统需要有大量的训练数据，而且实施成本往往非常高。

对于聊天机器人来说，选择何种聊天机器人系统应该根据具体的需求来决定。一个简单且免费的聊天机器人系统对于与客户的简单和非关键性的互动来说足够了，但如果对话涉及声誉风险，聊天机器人系统的优劣就显得十分重要（因为不够恰当的回答可能损害企业形象）。聊天机器人系统越好，它就越能应对挑战。

在 2017 年，苏格兰皇家银行（Royal Bank of Scotland，RBS）引入了一个聊天机器人，来帮助回答客户提出的部分问题。这个名为"Luvo"的聊天机器人使用 IBM 公司的超级计算机沃森的对话功能，与正在使用银行网站或应用程序的客户进行互动。在向少数外部客户发布之前，它已经在管理与中小企业关系的内部员工中试用了近一年时间。在撰写本书时，它只能回答 10 个确定的问题，例如"我的银行卡丢了""我锁定了我的密码"和"我想订购一个读卡器"等。Luvo 展示了企业在应用聊天机器人时采取的谨慎态度。不过，随着时间的推移，也随着系统从每次互动中的不断学习，银行将允许它处理更复杂的问题，建立更多的个性化服务并使用预测分析能力来识别客户的问题，从而推荐最合适的措施来解决问题。它的主要目的是使人工客服人员腾出更多的时间来处理客户可能遇到的更棘手的问题。

在类似的实施方案中，瑞典最大的银行之一瑞典北欧斯安银行（SEB）首先在其内部的 IT 服务中心部署了 IPsoft 公司的 Amelia 软件，然后向其 100 万客户推广。在试用的前三周，聊天机器人阿凡达（chatbot-cum-avatar）帮助回答了员工的关于信息技术的问题，在 4000 次查询中，无须人类参与互动就解决了约 50% 的问题。2017 年，银行推出它来帮助管理与客户的互动（并命名为"Aida"）。最初选择了以下三个流程作为候选：提供关于成为客户所需的信息，订购电子身份证以及解释和指导如何进行跨境支付。

虽然 Amelia 系统从历史互动中学习并使用情感分析，但它也能够遵循定义好的工作流程路径，以确保符合银行规定。大多数聊天机器提供的是可能的结果（所以人们描述它们是概率性的），而我们可以认为 Amelia 是一个确定性的系统，因为一旦它找出了意图，就可以在可能的情况下，在企业系统上执行所需的行动措施（类似于机器人流程自动化工具的方式）。IPsoft 是一家美国公司，这是他们第一次在非英语国家部署解决方案。

从基础设施的角度来看，SEB 没有使用云解决方案，而是决定将 Amelia 技术安装在自己的服务器上，这是因为担心云部署会引发合规性和法律问题。对于 IPsoft 公司的金融服务客户来说，这是最常见的方法。

Amelia 系统的部署与银行的整体战略非常一致，其中包括 SEB 将专注于提供领先的客户体验，投资于数字界面和自动化流程。

美国鲜花配送服务公司（1-800-Flowers）部署了一个简单的聊天

机器人，可以让客户通过脸书即时通（Facebook Messenger）下单。它是一个线性的决策树系统，带有自然语言理解聊天界面，完成这个系统的开发和测试大约用了三个月的时间，这使得它能做的事情相当受限，但目前该系统正在推出额外的和更复杂的功能。在最初两个月的运营后，通过聊天机器人下的订单中有 70% 来自新客户，而且以"千禧一代"为主，他们往往已经是脸书即时通的忠实用户。

除了接受订单，聊天机器人还可以将客户引导给人工客服，最多可同时转接 3500 名人工客服。他们还实现了与亚马逊 Alexa 的整合，以及由 IBM 沃森提供支持的礼宾服务，这些数字化举措共同为该品牌吸引了"数以万计"的新客户。它们还为公司提供了最新的行为数据，从而影响实时的营销活动（如促销活动）。

另一家使用 IBM 沃森提升客户参与度的公司是文具零售商Staples。他们实施了一系列不同的方法，来让人们尽可能方便地购买他们的产品，这些方法包括通过电子邮件、Slack 聊天工具、移动应用程序和"一个大红色按钮"（译者注：由 Staples 公司的营销概念发展而来的"易键通"订购系统），这个按钮和亚马逊的 Alexa 很相似，它能听懂语音指令（尽管激活和停用它都需要物理按压），手机应用也能理解语音命令，还能从拍摄的照片中识别产品。顾客能通过所有这些渠道尽可能无障碍地购买商品，因此这对零售商的销售收入增加有着直接和积极的影响。

除了聊天机器人，推荐引擎也是一种常见的人工智能应用，它一般用于提升客户服务（当然，也能推动增加营业收入）。亚马逊和网飞（Netflix）（美国的在线视频网站）拥有最知名的推荐引擎，这些引擎深深嵌入了客户与公司互动的正常工作流程中。所有需要的数据都可以从这些正常的互动中获得，其中包括单个客户购买和浏览行为的数据以及所有其他客户行为的历史数据，也就是说，客户不需要做额外的事情就能使数据集很丰富。

但在某些情况下，为了确保有效地工作，推荐引擎也需要客户和（或）企业提供额外的信息。服装零售商北面（The North Face）已经为他们想要购买夹克的客户实施了一个推荐引擎，名称为 XPS，它的解决方案基于 IBM 沃森，使用一个聊天机器人界面，提出一系列的细化问题，以便将客户的要求与产品线相匹配。根据北面的数据，60% 的用户点击进入了推荐的产品页面。

另一家服装零售商 Stitch Fix 则采用了一种稍微不同的方法，它有意识地将人纳入了这个圈子。其商业模式是根据客户提供的信息和数据（尺寸、款式调查结果、感兴趣板块等），来为客户推荐新衣服。由人工智能解决方案消化、解读和整理所有这些结构化和非结构化的数据，并将摘要以及更细微的信息（如顾客写的自由形式的笔记）发送给该公司的 2800 名在家办公的专业人工代理，然后这些代理会选择五件衣服供顾客试穿。

这是一个很好的例子，来说明人工智能正在提高和增强人类员工的技能和经验，使他们能更好地完成工作，并提高工作效率。正如第 4 章中所提到的，我们把将人类引入人工智能学习的方式称为人机回圈（HITL），它使实验变得更容易，因为工作人员可以迅速纠正错误。具体来说，人机回圈可以用于测试偏差，系统会改变向造型师展示的数据量和类型，然后确定某个特定的特征，例如顾客的照片或他们的地址，对造型师的决策的影响程度。除此之外，他们收集的关于所有顾客的数据还可以用来预测大众的时尚流行趋势。

也有人工智能客户服务解决方案并不依赖于聊天机器人或推荐引擎来给企业提供价值。克莱德斯代尔和约克郡银行集团（Clydesdale and Yorkshire Banking Group，CYBG）是英国一家中等规模的银行，它不得不与巴克莱银行（Barclays）、汇丰银行（HSBC）、劳埃德银行（Lloyds）和苏格兰皇家银行（RBS）这"四大银行"竞争，该银行集团的数字化战略称为"B"，一个新的流水账户、储蓄账户和应用程序包。它使用人工智能来帮助管理客户的资金：用户开通账户后，系统将学习用户的使用模式，从而预测用户是否可能会用完账户中的资金，并提出如何能避免不必要的银行收费的建议。该银行集团宣称，在 11 分钟内就可以完成开户。显然，帮客户避免银行收费会导致银行收入减少，但这个举措能吸引很多的新客户，银行因此产生的额外资金能很容易地抵消那部分的收入损失。

维珍火车公司（Virgin Trains）的"延误 / 退款"流程已通过应用人工智能实现自动化。这家火车运营公司先采用 Celaton 公司的人工智能软件 INSTREAM 对入站邮件进行分类（见下一节），然后使用相同的软件为客户提供一个无人工界面，来自动申请由于列车延误而产生的退款。

亚洲人寿保险供应商友邦保险公司（AIA）已经实施了一系列人工智能举措。所有这些举措都影响着他们与客户的互动方式，包括从潜在客户里获得洞察力、加强对客户需求的评估、全天候在线咨询聊天机器人、通过基于自然语言理解的系统处理呼入电话、加强销售的合规性、个性化定价、动态核保以及增强型咨询和推荐引擎。

一些公司正在将人工智能打造为其客户应用的核心。安德玛（Under Armour）是一家运动服装公司，它拥有一系列健身应用程序，其中一款应用程序使用了人工智能为用户提供训练计划和建议。该人工智能从各种资源中获取数据，这些资源包括用户的其他应用程序、营养数据库、生理数据、行为数据以及其他用户的具有类似特征和目标的行为和结果。然后，人工智能还会把一天中的时间和天气因素考虑进来，以提供个性化的营养和训练建议。

人工智能可以提升客户服务的其他例子还有：优化时间紧迫的

产品和服务的定价，如活动票务；优化实时服务的时间安排，如送货和发货时间；创建个性化的忠诚度策划活动，来提供促销优惠和金融产品；识别候选患者来进行药物试验，预测健康并为患者推荐治疗方法。

在利用人工智能更好地服务客户与利用人工智能收集客户信息之间，显然需要存在平衡。在我所描述的一些案例中，同样的人工智能能力会同时做到这两点。正如我多次重申的那样，对于任何希望实施"前线办公室"人工智能解决方案的人来说，首先要了解你们的目标，试图要求你的人工智能做太多事情是危险的，因为你会在其他目标上做出妥协。我将在本章后面讨论如何生成客户洞察力的方法和例子。

## 5.3　人工智能是如何优化流程的

如果说上一节的内容都是介绍关于人工智能如何加强"前线办公室"流程的，那么本节的重点是"后方办公室"运营的幕后情况，其好处集中在（但不限于）减少成本（直接减少或通过规避）和提高合规性方面。

在"后方办公室"使用的关键人工智能能力之一是将非结构化数据转化为结构化数据，即图像识别、语音识别和搜索能力。

特易购（TESCO）已经实施了一系列人工智能驱动的解决方案，以提高店铺的业务效率。他们使用图像识别系统来识别商店的空货架，称为"间隙扫描"。他们还尝试使用物理机器人，在安静的时候沿着过道行驶，拍摄货架，以便测量库存的可用性，并在必要时通知员工补货。这不仅节省了员工的时间（一般情况下，如果人工检查，他们必须对照一张卡片上的图表模板检查），还减少了因缺货而造成的收入损失。

对于送货上门服务，特易购实施了优化系统，最大限度地减少了拣货人员在店内取货的距离，同时实施了一个系统，通过有效的路线规划和时间规划，最大限度地提高了送货车的业务效率。有趣的是，在一个实例中，他们利用人工智能帮助将众多产品根据系统的分类，放入必要的类别中。

我在上一节提到了亚洲保险业供应商友邦保险，他们也在其服务和理赔功能上实施了一些人工智能举措，包括服务增强、投资管理、备选医疗意见、风险管理、欺诈管理、理赔裁决以及对客户的健康和保健建议。友邦保险非常清楚其业务转型需要以人工智能为核心的端到端转型。

通过人工智能和机器人流程自动化提升业务流程中，保险理赔处理流程是首要候选。戴维斯集团（Davies Group）是一家总部位于英国的保险公司，它为自己的保险客户提供理赔服务。该公司已经实现自动输入非结构化和半结构化数据（收到的索赔、信件、投诉、核保人报告、支票和所有其他与保险索赔有关的文件），以便将这些数据引入到正确的系统和序列中。他们使用 Celaton 公司的 inSTREAM 解决方案，一个 4 人团队每天处理约 3000 份索赔文件，其中 25% 是纸质文件。该工具可以自动处理扫描文件和电子文件，识别索赔信息和其他元数据，并将输出结果粘贴到数据库和文档存储中，以备索赔处理人员和系统（当然可以是人类或软件机器人）处理。它还添加了服务元数据，因此可以对流程的性能进行端到端地测量。有些文件可以在没有任何人工干预的情况下进行处理，而有些文件则需要人类团队检查，以验证人工智能的决定或填补一些缺失的细节。

在理赔过程中，人工智能还可以识别欺诈行为（通过寻找异常行为），帮助代理人决定是否接受理赔（使用认知推理引擎），同时使用图像识别来评估损失。富通（Ageas）是一家比利时的非寿险公司，它部署了一款人工智能图像识别软件 Tractable，帮助评估汽车理赔。该软件能够通过扫描汽车损坏的图像，评估汽车的损坏程度，例如从可修复程度到需要报废。通过这个过程，它还能帮助识别欺诈性索赔。

图像识别也用于其他行业领域。Axon 是警用设备制造商，原名为十分出名的泰瑟（Taser），现在正在使用人工智能标记其生产的人体摄像机所记录的数千小时的视频。以前这些视频记录可以通过订阅的方式提供给警察部队，但由于记录的数量太多，它们中很少能用作证据。现在人工智能给视频贴上了标记，将可以自动编辑删改人脸以保护隐私，提取相关信息，识别物体并检测人脸上的情绪，在必须手动撰写报告和标记视频上节省了大量的时间，而且能够更好地利用现有的电子证据，该功能可能会产生更大的影响。对于 Axon 来说，这将鼓励更多的警察部队购买他们的人体摄像头。

Nexar 是一家以色列技术公司，它已经将视频数据作为其商业模式的核心。他们免费赠送仪表盘摄像头应用程序，用以帮助司机预测前方道路上的事故和路况。通过使用由他们的用户群提供的应用数据（如果你想使用这个应用，必须要提供数据），系统能预测出最佳的行动方案，例如，如果前方发生事故，就会提醒司机急刹车。这种模式很大程度上依赖于拥有大量的数据，所以需要提前赠送用户设备。颇具争议的是，该公司可以将数据用于"任何目的"，包括把数据卖给保险公司和提供给政府。这是否是一种可持续的商业模式还有待观察，但它确实证明了商业模式正在发生转变：从为客户提供服务转变到更重视收集客户数据。

还有另一个领域特别值得应用图像识别技术，那就是医疗领域。最广泛的报道可能是利用 IBM 公司的沃森平台来分析医学成像（如 X 射线和核磁共振扫描），来帮助医生识别和诊断癌细胞。这个系统的真正好处是，它可以将所看到的病人的（非结构化的）医疗记录和它学习过的其他图像进行交叉参考，在此之前它已经学习过成千上万的这类图像。这种方法能发现医务人员没有看到的肿瘤特征：该系统发现肿瘤的外围方面（例如那些分布在肿瘤周围而不是肿瘤内部的肿瘤细胞）对恶性肿瘤的预测影响远比最初想象的要大。目前有两家医院正在使用这些系统工作，它们是美国加州大学圣地亚哥分校健康中心（UC San Diego Health）和南佛罗里达州浸信会健康中心（Baptist Health South Florida）（如果希望了解更多关于人工智能如何帮助抗癌的例子，请参见"产生洞察力"一节）。

德意志银行（Deutsche Bank）正在使用语音识别技术来提高效率，它们会在确保遵守法规的前提下收听工作人员与客户打交道的录音。人工智能会转录下来这些对话，并允许搜索特定的上下文术语，这在过去是银行审计人员的工作，通常人们需要听几个小时的录音，但人工智能系统可以在分分钟内完成同样的事情。该银行还根据大量的可用的公共信息，使用其他人工智能能力来帮助识别潜在客户。

目前，法律行业开始采用包括人工智能在内的新技术，正在经历一个大的转型期。法律行业本身就是一个规避风险的行业，而且从来都不会快速变化，但它已经开始感受到人工智能带来的益处，特别是通过实施搜索和自然语言理解技术来帮助理解合同。

尽管法律合同遵循一些一般规则（通常包括合同各方、合同起始日期和结束日期、合同价值、终止条款等），但它们的内容毕竟是语言而且是可变的，所以说法律合同是半结构化的文件。现在市场上有许多软件解决方案，它们在整个合同生命周期中协同工作：有些能够搜索文档库，以确定合同放置的位置；有些能够"阅读"合同，以确定里面的具体条款，并提取相关的元数据（如终止日期和责任限制）；有些能够将真实的合同与模型先例进行比较，并显示出两者之间存在实质性差异的所有实例。所以，有了以上提及的所有这些功能，大型企业和律师事务所就能够更加有效地管理他们的合同，特别是从风险的角度来看。

麦克森（McKesson）是一家价值 1790 亿美元的医疗服务和信息技术机构。它使用 Seal 公司的 Discovery 和 Analytics 平台来识别整个企业的所有采购过程和采购合同（他们雇用了 7 万名员工），并将文件存储在一个特定的合同库中。工作人员能够轻松快速地在存储库中搜索合同，这每天可以为他们节省数小时的时间；从合同分析中得到的元数据，使他们能够从隐藏的不利付款条款和续约条款中识别出潜在的债务风险、收入机会，以及成本节约。

司力达律师事务所（Slaughter&May）是魔术圈律师事务所之一（译者注："魔术圈"是律界对 5 家伦敦法律界顶级律师事务所的共称），每年进行数百起并购（Merger and Acquisition，M&A）交易。他们采用了人工智能软件 Luminance 帮助管理这些交易。因为这些交易工作复杂性超强（数千份文件、许多司法管辖区）且工作强度超高，律师事务所担心一些负责管理并购"数据屋"（专门为交易建立的合同库）的初级律师会最终精神崩溃，所以这个领域的工作是极具挑战性的。人工智能软件 Luminance 对数据屋中的所有文件进行聚类、分类和排序，并为每个文件分配一个不同的分数以显示其与理想模型的差异。由于文件数量庞大，在人类正常的尽职调查工作中只能分析大约 10% 的文件，而 Luminance 能够分析所有文件，它大约一个小时能处理 34000 份文件。总体来说，它将整个文件审查过程的时间减少了一半。

人工智能系统进行这样"基于知识的"工作的好处之一是，它可以让律师专注于复杂的、更高价值的工作。品诚梅森（Pinsent Masons）律师事务所是一家总部位于伦敦的律师事务所，它在内部设计并构建了一个名为条款框架（TermFrame）的系统。该系统可以模拟法律决策工作流程，当律师处理不同类型的事务时，该系统能为他们提供指导，并在适当的时候将事务与相关模板、文件和先例联系起来。该系统使得人们摒弃了这一过程中所需要的大量低级思考，意味着律师可以将更多的时间花在有增值的工作任务上。

除了利用搜索和自然语言理解（NLU）功能，有的公司也在使用自然语言生成（NLG）解决方案来优化他们的一些流程。英国气象局利用 Arria 公司的自然语言生成解决方案，可以根据不同的受众配置不同的描述，来解释气候系统及其发展。美联社（Associated Press，AP）是一家新闻机构，它使用人工智能平台 Wordsmith，利用公司的盈利数据，以美联社内部的风格编写、创建可发布的故事。美联社可以制作 3700 份季度收益报告，这比其人工的工作量增加了12 倍。

人工智能也可以用来提升信息技术部门的能力（"医生，治愈你自己"）（译者注：这里把信息技术部门比作医生）。无论是在信息技术支持功能还是在基础设施管理方面，我们都可以部署许多人工智能能力。一般来说，人工智能可以为信息技术部门带来以下一些重要方面的功能：人工智能系统可以从运行操作手册和其他来源接受训练；它们可以通过"观察"人类工程师来不断学习；它们可以主动监控环境和当前状态；它们可以识别系统故障的趋势，并且能够应对信息技术问题的内在变化。

我们已经看到了聊天机器人不仅支持客户参与，也可以用于公司员工参与的活动，特别是在有大量员工或者大量问询的情况下。虽然聊天机器人可以部署在任何类型的服务台上（包括人力资源部门的），但它们最常见于信息技术部门。

就像上一节讨论的瑞典北欧斯安银行（SEB）的例子一样，人工智能服务代理能够接收客户的咨询，通过了解客户的需求并提出必要的问题来澄清问题，从而提供答案。如果人工智能系统自己无法帮助客户，就会将问题提交给人类代理，然后学习如何在将来遇到相同的情况时自己解决问题。人工智能系统还可以用来管理公司的信息技术基础设施环境，它们往往以元管理者的身份工作，处于网络、服务器、交换机等各种监控系统之上，并将这些系统连接起来。系统包括主动性和预测性的监测（使用人工智能）和执行必要的修复措施（使用软件机器人），利用这些系统，可以显著改善停机时间等关键性能指标。而且这些系统通过处理许多简单、普通的任务，可以解放信息技术工程师，让他们专注于更高价值的创新工作。

欧洲电信运营商 TeliaSonera 实施了 IPCentre，来帮助管理 2000 万个管理对象的基础架构，其中包括 12000 台服务器，并因此节省了 30% 的成本。一家在美国纽约的投资公司使用同样的解决方案，帮助解决了系统原因而导致固定收益证券交易失败的问题，现在，在没有人工干预的情况下，80% 的失败交易得到了修复，平均解决和修复时间减少了 93%（从 47min 减少到 4min），这也使员工人数减少了 35%。

谷歌是一家拥有许多大数据中心的公司，它求助于其人工智能子公司深度思考（DeepMind），试图降低这些数据中心的设施的供电成本。人工智能通过分析服务器机架间传感器的数据，包括温度和泵速等方面的信息，找出了最有效的冷却方法，通过人工智能算法的应用，谷歌能够减少 40% 的冷却能源需求，并将初始数据中心的整体能源成本降低了 15%。现在，该系统控制着数据中心中约 120 个变量，包括风扇、冷却系统以及窗户。

关于人工智能可以优化流程的一个突出内容是在计算机上模拟真实世界的场景，如预测长期天气状况。测试物理机器人系统时已经用了这种建模方法，这样设计者就可以虚拟地对机器人进行调整，而不用担心机器人摔倒和损坏。脸书（Facebook）已经为这种目的创建了虚拟世界游戏 Minecraft 的特定版本，人工智能设计师也可以利用这个环境帮助指导他们的算法学习如何导航和与其他代理互动。

在本节中，我们已经看到了人工智能如何优化零售商、银行、保险公司、律师事务所和电信公司的"后方办公室"流程的例子。它涉及的职能范围很广，包括理赔管理、合规性和信息技术。人工智能在优化流程方面的其他应用案例还包括：优化仓库、商店的物流和库存分配；对制造流程进行实时资源分配；对飞机、货车等进行实时路线规划；在精炼过程中优化原材料的混合与时间；优化作业人员和资源分配，以减少制造过程的瓶颈。

## 5.4　人工智能是如何产生洞察力的

在前两节中，我探讨了人工智能如何提升客户服务和如何优化流程。但是在我看来，人工智能最大的益处是它可以提供洞察力，也就是从已有的数据中创造新的价值来源，从而做出更好、更快、更一致的决策。因此，人工智能可以使公司规避风险，降低不必要的损失，并最大限度地减少销售收入的流失。

迄今为止，人工智能最有效的应用之一是在金融服务中识别欺诈活动。其好处是有大量的数据可供利用，尤其是在零售银行业务中。PayPal（译者注：网络支付平台）每年从其超过 1.7 亿客户的 40 亿笔交易中处理 2350 亿美元的支付。它可以实时（即不到一秒）监控客户交易，以识别任何潜在的欺诈模式：人工智能从已知的以往欺诈交易模式中识别这些"特征"（人工智能用语）。根据 PayPal 的数据，其欺诈率只有 0.32%，而行业欺诈率的平均水平为 1.32%。

美国保险供应商 USAA 也使用人工智能来发现盗窃其客户身份

的行为。它能够识别出不符合常规的行为模式，即使这个行为模式是第一次发生。另一家保险公司 Axa 使用谷歌的 TensorFlow 来预测其客户中哪些人可能会造成"大额赔付"的车祸（需要支付超过 1000 美元的车祸）。通常，在 Axa 公司的客户中，每年约有 10% 的客户会发生车祸，大约有 1% 的客户会造成"大额赔付"。了解哪些客户更有可能属于这 1%，意味着公司可以优化这些保单的定价。

Axa 研发团队最初尝试了决策树方法（也称为随机森林）来对数据进行建模，但预测准确率只能达到 40%。他们在 70 个不同的输入变量上应用深度学习的方法后，能够将这一预测准确率提高到 78%。在撰写本书时，该项目仍处于概念验证（Proof of Concept，PoC）阶段，但 Axa 希望将范围扩大到包括销售点的实时定价，并使系统更加透明以便于检查。

另一家利用人工智能实时优化定价的公司是 Rue La La，这是一家在线时尚样品销售公司，提供设计师服装和配饰的超级限时折扣。他们使用机器学习来模拟历史上的销售订单损失，以确定定价，并预测从未销售过的产品的需求。有趣的是，从分析中他们发现，中价位和高价位产品提价时，销售额并没有减少。他们估计，在测试组的销售收入会有近 10% 的增长。

Otto 是德国一家在线零售商，由于退货会使公司可能每年损失数百万欧元，所以他们正在使用人工智能来尽量减少其收到的退货数量。他们面临的挑战是，他们知道如果在两天内把订单送到客户手中，那么客户退货的可能性就会降低（因为客户在另一家商店看到价格更低的相同产品的可能性就会降低）；但是他们也知道，他们的客户喜欢所有购买的产品能集中在一次送货，由于 Otto 需要从其他品牌采购衣服，所以两天内让客户收到货物并不总是容易实现。

Otto 利用深度学习算法，分析了大约 30 亿笔历史交易的 20 个变量，可以至少提前一周预测顾客可能会买什么。Otto 声称，它可以预测 30 天内会卖出什么，其准确率达到 90%。这意味着它可以通过授权系统每月自动订购大约 20 万件商品，实现大部分采购的自动化。结果是他们的过剩库存减少了 1/5，退货量每年减少了 200 多万件。

全球投资银行高盛（Goldman Sachs）实施了一系列自动化技术，既改善了做出决策的过程，也减少了人员数量。他们首先将银行里一些比较简单的交易自动化：在 2000 年纽约总部有 600 名股票交易员，到 2017 年初，只有两名股票交易员。十二大银行的股票交易员的平均工资是 50 万美元，节省了大量的开支。自动交易系统完成了大部分交易工作，这些系统由 200 名工程师来提供技术支持（在高盛，有 1/3，即 9000 名员工是计算机工程师）。

要实现货币和信贷等更复杂交易的自动化，系统需要更聪明的算法。高盛在实现货币交易自动化时发现，一名计算机工程师可以取代四名交易员。他们还在研究建立一个全自动的消费者贷款平台，以整合信用卡余额。这是来自该银行纽约办公室内部的创新理念，是由小型"泡沫"团队孵化出来的。正如该公司副首席财务官马蒂·查韦斯（Marty Chavez）所说：我们有很多空闲的办公空间。

总部位于英国的汇丰银行（HSBC）一直在利用谷歌的人工智能能力，来运行 5 项概念验证。他们有 3000 多万名客户，不断增加在线参与的次数，所以该公司的数据存储已经从 2014 年的 56PB 增加到 2017 年的 100PB 以上，这就意味着现在他们能够从这些数据中挖掘更多的价值和洞察力。

概念验证活动之一是检测可能的洗钱行为，就像 PayPal 和 USAA 一样，他们在寻找异常的模式，然后与相关机构一起调查，以追踪罪犯。使用人工智能软件（来自 Ayasdi 公司），除了提高检测率，还能减少误报案例，从而节省宝贵资源的时间。在汇丰银行的案例中，他们成功地将调查案件的数量减少了20%，而同时转送进一步审查的案件数量并没有减少。汇丰银行还使用蒙特卡洛（Monte Carlo）模拟方法进行风险评估（这些在第 3 章的优化部分有介绍）。从这些模拟中，该银行将能更好地了解其交易状况和相关风险。

人工智能在业务中的一些比较有争议的用途是招聘和治安方面。主要的争议是偏见是怎么注入训练数据中，然后传播到决策过程中的。在第 8 章中，我将讨论这一挑战和潜在的缓解方法。

达勒姆（Durham）是英格兰东北部的一个郡，那里的警察已经开始使用人工智能系统来预测是否应该将嫌疑人继续拘押（以防他们可能重新犯罪）。在这种情况下，从过去五年里再次犯罪和非再次犯罪的案例中，有很多数据可以用来预测罪犯嫌疑人未来的重新犯罪情况。这种方法似乎还存在一些问题，其中最大的问题可能是数据的有效性：这些数据只来自达勒姆地区的记录，所以不包括嫌疑人在该地区以外的任何犯罪行为。尽管存在数据上的问题和挑战，但该系统预测嫌疑人为低风险的惯犯的准确率为98%，预测嫌疑人为高风险的惯犯的准确率为88%。这说明系统是如何刻意地偏向于谨慎的，所以如果没有足够高的信心，就不会释放嫌疑人。

在招聘方面，不少公司正在着手使用人工智能来帮助筛选候选人（虽然目前只有少数公司愿意承认）。Alexander Mann Solutions 是一家人力资源外包供应商，起初他们将一些人工任务自动化，例如安排面试和授权工作机会。最近他们引进了一些人工智能软件（Joberate），来帮助他们找到与岗位要求双向匹配的候选人。该软件会分析候选人的简历和公开的社交媒体信息，以创建候选人的档案。

但人工智能的意义可不是仅仅降低业务风险，从大数据分析中我们可以看到，人工智能获得的洞察力也可以用来帮助对抗疾病，尤其是对抗癌症。医学上已经应用人工智能分析整个身体的基因突变的分子：通常癌症治疗研究与特定器官有关，这意味着针对例如乳腺癌开发的治疗方法可以用于治疗结直肠癌。通过这种方法，个性化治疗成为可能：具有统计学意义的荟萃研究已经着手研究将患者的肿瘤分子特征与其治疗方法相匹配，这种匹配益处多多，个性化治疗的结果是肿瘤平均缩小了 31%，而非个性化治疗方法则只缩小了 5%。

人工智能也用于开发癌症药物。贝格（Berg）是一家生物技术公司，它收集尽可能多的细胞生物化学数据，将其输入超级计算机，以便人工智能能够提出将癌细胞转回健康细胞的方法。到目前为止，得出的研究结果是很有希望能开发出一种新药，当然这些结果也会反馈到人工智能中，使模型得到进一步完善。

人工智能也可以用于监控医疗质量。英国医疗质量委员会（Care Quality Commisson，CQC）是负责监督英国各地医疗质量的组织，它实施了一套系统来处理大量的文本文件，并能理解分析其中表达的意见和情绪。现在 CQC 能够用较少的人员管理大量的报告，最重要的是，可以采用一致的评分方法。另外，企业直接面对消费者（B2C）的公司会使用情感分析（在第 3 章的自然语言理解部分已经介绍过），例如英国的在线零售商发发奇（Farfetch），几乎可以实时地了解客户对其产品和服务的看法。所以这些公司能够非常快速地响应客户，并更好地了解其需求。

人工智能应用于优化流程方面的案例包括：预测喷气发动机的故障；预测单个客户的流失风险；预测本土化销售和需求趋势；评估贷款申请的信用风险；预测农业产量（使用来自物联网传感器的数据）和地方能源需求。

从上面的例子中，我们应该可以清楚地看到，人工智能具有巨大的潜力，它可以从公司的数据中挖掘出隐藏的价值，帮助管理风险，做出更好、更明智的决策。当然，人工智能也存在着围绕着缺乏透明度和数据偏见的问题，但是如果对数据管理得当，它可以提供人类无法发现的洞察力。

## 5.5 使用人工智能的成熟用户的视角

维珍火车西海岸公司（Virgin Trains West Coast）是英国主要火车运营商之一，它的首席信息官（Chief Information Officer，CIO）约翰·沙利文（John Sullivan，JS）接受了我（AB）的采访，以下的内容摘录自采访。

AB：请问你第一次接触到人工智能是什么样的情况？

JS：嗯，其实我在大学里学的是人工智能。当时，我很清楚人工智能会有多大用处，但在那时候它还不是很实用，尤其是在业务环境中。但我确实很好地理解了它能做什么，以及它为什么与传统的系统不同。

AB：那你是什么时候开始在维珍火车西海岸公司寻找应用人工智能的机会的呢？

JS：我在担任首席信息官的时候，正着手寻找一些人工智能应用来解决实际问题。我们有一个挑战是关于客户关系的，我们通过电子邮件收到了很多问询，员工需要很长时间才能处理这些邮件，而一些相同的问题日复一日地出现。

所以我们考虑实施 Celaton 公司的 inSTREAM 解决方案，来改善我们给客户提供的服务。通过使用人工智能，我们能够更快速且更一致地回应这些询问。这也使我们的业务更加高效，员工的工作也变得更加有趣。

AB：这个人工智能软件具体能做些什么？

JS：基本上，它用于读取所有收到的邮件，当然这些邮件都是以自由格式写成的，系统需要找出客户想要的内容：它要理解客户的邮件是问题、投诉还是表扬，同时将其发送给组织内正确的人类代理来处理。它还做了很多验证工作，所以如果客户写的是关于某趟列车的信息，系统就会检查该列车是否真的运行了，也会查看是否有与该旅程相关的类似的查询。这都有助于我们对邮件进行优先处理。

这样我们成功地将初始阶段所需要做的工作量减少了 85%，远远超出了当时的预期。所有原来做这些非常简单、普通工作的人员现在都可以做更有意义的事情，他们在处理我们收到的更具挑战性的问题。

AB：那么，人类还在处理剩下的 15% 的工作量吗？

JS：没错，在开始的时候，我们试图确定人工智能可以响应哪些类型的查询，哪些是需要人类代理来做的。因为系统会随着时间的推移而学习，所以现在人工智能可以完成越来越多的工作。而人类代理们只需要负责真正棘手的工作，同时监督人工智能所做的工作。这个监督任务对维珍火车西海岸公司来说很重要，因为我们要让回复的语气恰到好处以使其与品牌保持一致，我们称之为"用理查德·布兰森（Richard Branson）的语气"〔译者注：Richard Branson 是维珍（Virgin）品牌的创始人〕。

AB：以你看来，人工智能除了能改善客户服务，还能带来哪些好处？

JS：对我们来说，真正重要的是，人工智能可以让业务得以扩展。我们现在有一个稳定的人类代理的核心团队，无论邮件增加多少，人工智能都是可以处理的。因此邮件数量现在对我们来说不是问题。

AB：你们是如何实施人工智能的？

JS：我们很快就找到了 Celaton 公司，并立即和他们建立了合作。

在他们介入以后，我们和客户关系团队一起做了一个原型。对我来说，做小项目的试验总是最有效的，这总比做大型项目要好，因为我们知道大型项目需要太长的时间，而且很难停下来。

AB：在实施系统的过程中，你们遇到了哪些挑战？

JS：在这样的项目中，变革管理总会是一个挑战。不过，客户服务团队很快就上手了，因为他们真的很迫切地需要这个系统。这个系统将为他们消除所有简单、普通、重复的查询。该团队已经迫不及待了！

对于一个人工智能项目来说，另一件可能很棘手的事情就是如何获得正确的数据。我们肯定需要让信息技术团队参与进来。但是，因为我们有一个很好的供应商 Celaton，他们知道会有什么挑战，所以我们可以有尽可能多的准备。我们相当依赖他们的资源，因为当时我们内部并没有任何人工智能能力。他们是很棒的一群人，能以简单的方式向我们的员工解释一切，他们不只是一个"技术"供应商。

AB：谢谢约翰！最后，对刚刚踏上人工智能之路的人，你有什么建议？

JS：嗯，我刚才提到的沟通是非常重要的一个方面。你需要能够阐明什么是人工智能，以及它是如何工作的（不要假设首席信息官都知道这些事情）。如果我再做这件事的话，我可能会聘请一个人来专门负责这个。

我还认为，打开你的思维，了解人工智能能做什么是至关重要的（同样，在这里外部的投入也很有用）。我们公司有一个"创新日活动"来研究我们在火车上的发展，对于人工智能，我们也应该有类似的活动，这将有助于我们了解人工智能的可能性和限制。

# 第 6 章

## 开启人工智能之旅

## 6.1 引言

经常有高管们问我："我的业务需要人工智能，怎么才能实施人工智能？"当然，这是一个错误的问题。更适合的问题是："我有一些大的业务目标和挑战，人工智能能帮助我实现或解决它们吗？"理想情况下，高管们应该将人工智能放到最需要它的地方，使其发挥最大的价值。但在现实中，这通常是矛盾的（既想快速发展，又恐面临不可预测的风险）。无论如何，我们必须明确：人工智能是一个全新的课题，并且具有颠覆整个业务模式的巨大潜力，如果只在你现有的业务战略中考虑它，将是不明智的。

那么，正如我们在本书介绍的案例研究中所看到的那样，如果企业已经在实施人工智能，并从中获得了真正的价值，他们究竟是如何开始他们的旅程的？他们是如何发现、规划和实施解决方案的？本章将介绍创建一个有意义的、可行的人工智能战略的方法。

我刻意模糊了"人工智能战略"和"自动化战略"之间的界限。正如我在第 4 章讨论相关技术时所提及的，希望读者能清楚地了解人工智能并不是唯一的答案，通常我们还需要其他的自动化技术，例如机器人流程自动化、云和物联网。但由于本书的重点是人工智能，我将从人工智能的角度来审视自动化战略，只在我认为有必要澄清的地方才会提到其他技术，以使表述更加清晰。

如果我能总结出从人工智能中实现价值最大化的最佳方法，那就是：先思考，再尝试，然后做大。虽然直接开始创建概念验证或者引入一些人工智能软件是非常诱人的，但是创建自动化战略或人工智能战略，使其符合你的追求目标，要以你的业务战略为基础，并在高层次上探索你的业务的主要机遇，这将为你提供迄今为止实现价值最大化的最佳基础。

一旦你选择好了人工智能战略，那么你就可以开始尝试了。这不是强制性的，但它通常有助于在企业内部建立知识、信任和动力。你的初始步骤可以通过试运行、概念验证、原型或购买软件来开始，我将在本章中解释每一种方法，并讨论它们的优点和缺点。

但是，一旦最初的努力已经进入状态并得到验证，那么你就需要考虑快速推进。在这个阶段，可能会出现一种情况：很多真正好的想法，本来是朝着正确的方向发展的，但却突然进行不下去了。这种情况也会发生在其他技术项目上：一旦努力完成了第一项工作，大家就会坐下来，被其他事情分散注意力，动机消散，失去动力。一旦发生这种情况，就很难再回到正轨。因此，试运行、概念验证或原型显示出希望并展示出价值时，才能说明真正地推进了人工智能战略。

要想摆脱上一段所述的人工智能可能出现的情况，就真的需要大刀阔斧地执行这个计划。创建人工智能路线图是人工智能战略的一个关键部分：毕竟如果没有路线图指引，你要如何开始人工智能之旅呢？但它不仅仅是一个项目清单，它还需要描述人工智能将如何在企业内部进行产业化，我将在第 9 章中更详细地介绍这些方面。

所以，在掌握了人工智能的能力以及其他企业如何使用它之后，你就可以开始自己的人工智能之旅了。

## 6.2　与业务战略保持一致

在我作为管理顾问和人工智能专家的工作中，我了解到，确保从任何人工智能项目中提取最大价值的唯一活动就是创建一个自动化战略，这个自动化战略是与业务战略相一致的，同时该战略也是对业务战略有挑战性的。

为了使自动化战略与业务战略保持一致，我们有必要了解将从整体战略中获得的利益和价值。如果业务战略阐述得简洁明了，那么就会有很少数量的战略目标：这些目标可能是"减少成本基础""降低商业风险"或"提高 CSAT 评分"（CSAT 指客户满意度）。

这些战略目标中的每一项都会给企业带来收益。

1）减少成本基础：可以通过很多方式降低成本，诸如不再雇佣新员工、不租新的办公室或尽量减少出差等。

2）降低商业风险：可以通过减少客服人员不必要的错误，或改进报告和提高合规性来实现。

3）改善客户服务（提高 CSAT 评分）：可以通过压缩客户进站查询的平均处理时间（Average Handling Time，AHT）、减少不必要的错误（再次提到的一点）和全天候服务来实现。

从我们的角度来看，创建自动化战略时要了解其在实现部分或全部这些收益中的作用，这一点是很重要的。

我们举一个例子：在阅读传入的文档时，我们利用人工智能的搜索功能可以减少平均处理时间；可以部署优化工具为客户服务人员提供知识支持；自助服务可通过一些人工智能和机器人流程自动化工具来实现，以减少对引进新员工和租用更多办公空间的需求；聚类和搜索功能可用于提供对业务信息的深度报告见解；随着不断更新的监管数据库，搜索功能可用于识别不合规的领域；聊天机器人（使用自然语言理解功能）可用于提供全天候服务中心；另外，还可以引入机器人流程自动化来消除错误。这些工具中的每一个都会成为业务战略利益的推动因素（见图 6.1）。

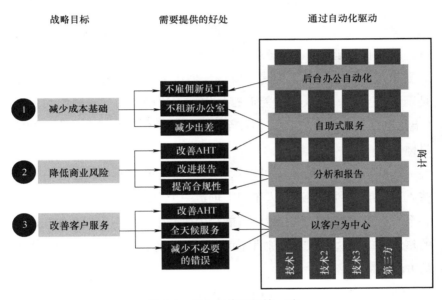

**图 6.1　与业务战略保持一致**

因此，在开始制定自动化战略之前，我们必须知道它应该实现什么目标，然后倒推，来确定实现这些目标的能力、技术、人员、计划等。

当然，如果你下定决心想要实施人工智能，是没有什么可以阻止你前进的步伐的。事实上，因为你的公司正在使用人工智能，你可以向股东或客户展示你们是一家创新的、具有前瞻性的公司，这可能会带来很大的收益，并且可以利用这一事实进行许多公关。但是一般来说，将自动化战略与业务战略牢牢地结合起来，会确保带来你希望实现的收益，并为企业带来长期、可持续的价值。

# 6.3　了解你最终的人工智能目标

在开始你的人工智能之旅之前，还有一个需要考虑的主要方面是，尽可能地了解你最终的人工智能目标。这可能听起来有些令人不解，或者你可能会想，既然还没有开始任何事情，为什么现在要费心去想这个最终目标。但是，就像任何旅程一样，知道你的目的地是至关重要的。就人工智能而言，你将无法确切地知道最终目的地（毕竟这是一次探索之旅），但你至少应该了解你最初设立的人工智能目标。

这些追求目标的范围可以从"我们只是想说下我们已经有了一些人工智能"到希望通过人工智能创造一个全新的业务模式，这里的答案没有正确与否，你的目标可能会中途发生变化，但现在你知道你的整体愿望，这将意味着你肯定可以从正确的起步开始，并朝着正确的方向前进。

我认为追求目标有 4 个层次，我称之为：轻触人工智能、改进流程、改造流程或功能和创造新的产品、服务或业务。

1. 轻触人工智能（也可以称为"勾选人工智能框"）

如果你只想在市场营销材料上和客户面前宣称业务、服务或产品已经"内置"了人工智能，那这一目标是适用的。这种方法出乎意料地简单，但我不打算过多地关注它，因为可以通过从其他类型的方法中选择最合适的元素来覆盖这个方法。说实话，你可以理直气壮地说，你的企业现在使用了人工智能，因为你过滤了邮件中的垃圾邮件，或者你偶尔使用谷歌翻译。许多部署了简单聊天机器人的企业都声称自己是"由人工智能驱动的",这虽然是事实,但还是有些夸张。

2. 改进流程

从人工智能中获取价值的第一步是改进现有的流程,但不改变其功能或业务的运作方式,使现有的流程更高效、更快、更准确。目前人工智能在企业中最常见的用途,本质上也是风险最小的,就是改进流程。在决定迈入人工智能领域时,大多数高管会首先考虑将流程改进的方法作为其最初的步骤。

在我讨论过一些案例研究中,可以通过应用人工智能搜索能力(例如,从非结构化文档中提取元数据)或通过使用大数据进行预测分析(例如,更准确的预防性维护计划)的能力来简化流程。其他流程改进的例子还有,应用人工智能过滤简历以帮助求职者获得工作机会,或帮助做出更高效、更准确的信贷决策。

3. 改造流程或功能(也可以称为"转型")

虽然改进流程使现有的流程更快、更好、更便宜,为企业提供大量的价值,但是,改造流程或功能可以使企业获得更多的价值。我所说的改造流程或功能(或转型)是指以一种本质不同的方式,或者以一种以前根本不可能的方式,利用人工智能来做事情。我在前面讨论过的一些转型的例子包括:从数以千计的互动中分析客户情绪(自然语言理解能力);预测客户何时会取消合同(预测能力);向客户推荐相关的产品和服务(聚类能力和预测能力);预测客户对服务的需求(聚类能力、优化能力和预测能力);对不同的风险场景进行建模(优化能力)。

一个特别适合人工智能来转型的例子是应用它来实现客户或员工的自助服务。自助服务选项的好处是它可以全天候地工作,而且它的运行成本通常较低,还能赋予客户或员工权力和控制感。人工智能可以用于流程的直接参与方面，采用聊天机器人和（或）语音识别能力与人沟通，也可以通过使用预测或推理工具，基于沟通做出决定（例如，是否应该批准这个信贷请求？）。当创建自助服务能力时，机器人流程自动化也很有用，它能够处理所有基于规则的过程，将所有必要的系统和数据源连接在一起，并在过程中不做任何的破坏，这在第 4 章中讨论过。

4. 创造新的产品、服务或业务

人工智能对一家公司最大的影响是，可以利用核心技术创造出来一个全新的产品、服务或业务。例如优步（Uber），它使用了许多不同的人工智能技术来提供其叫车和乘车服务。例如，它会根据你的行程历史和当前位置（例如，我通常想从酒吧上车后直接回家），利用人工智能提供一些建议，显示你可能想去的地方。它还会帮助预测司机到达接你的地点之前需要多长时间。优步还分析了实际接人所需的时间（即从车抵达到再离开时），以便让应用能够建议出最有效的接人地点（在使用第三方导航应用后，优步最终开发出了自己的导航功能，不过现在它的导航仍然依赖于第三方的数据）。

在人工智能的基础上，我们也已经创建起来了其他类型的业务（在这里我不考虑人工智能软件供应商或人工智能咨询公司，因为它们本质上会以人工智能为核心）。网飞（Netflix）和潘多拉（Pandora）等公司已经应用强大的推荐引擎来改造他们的业务，还有蜂巢（Nest）"智能恒温器"，它使用人工智能的预测能力来管理你房间的温度；如果没有人工智能，蜂巢只是一个普通的恒温器。有些其他企业最初以人工智能作为核心业务基础，也正在利用这项技术创造新的营业收入，拼趣（Pinterest）就是一个很好的例证。人们可以把其他网站上的有趣图片在它的网站发布，他们开发了一个非常强大的图像识别系统，使用户可以找到或被推荐类似的图像。现在，他们正在基于同样的技术开发应用程序，可以自动检测图像中的多个对象，然后在互联网上找到这些对象的类似图像，包括购买这些对象的链接（当然他们会从中抽取一些佣金）。

因此，你要定制人工智能战略及后续人工智能能力，很重要的早期步骤就是了解你的应用人工智能所要追求的目标。这些追求目标将指导你所采取的先期行动，并在整个旅程中帮助和引导你。但请记住，你的企业的每个部门并不是都希望或都需要以同样的速度进行相同的旅程。你的"前线办公室"可能想全盘采用人工智能，而"后方办公室"则乐意放慢节奏、慢点来，每个部门或职能可能需要从不同的自动化成熟度水平开始，如果有的职能部门已经采用了某种形式的自动化管理，或者已经致力于组织他们的数据，那他们将为引入人工智能提供更强大的平台。相比之下，有些部门的运营仍然是手动方式或者他们不能有效地管理数据，那么其步伐则会落后些。

下一节将介绍人工智能成熟度矩阵，它可以帮助评估你的业务当前的自动化成熟度，以及在每个重要领域你的追求目标。

## 6.4 人工智能成熟度评估

成熟度矩阵是一个相对简单的概念，但在许多方面都非常有用。它不仅鼓励在创建过程中进行讨论和反思，而且一旦完成这个成熟度矩阵，它还可以作为一种交流工具。

成熟度矩阵最初是由美国卡耐基梅隆（Carnegie Mellon）大学开发的，用于评估信息技术开发功能的成熟度。成熟度矩阵通常有 5 个等级，从非常不成熟（1 级，或"初始级"）到世界级（5 级，或"优化级"）。每一个成熟度级别，都由一组预先定义的流程领域的相关实践组成，这些实践可以提高组织的整体绩效。因此，当一个组织已经建立或转变了一套实践体系以提供给组织在上一个级别所不具备的能力时，该组织就达到了一个新的成熟度级别。每个级别的转变方法都不一样，它需要在前一个级别建立相应能力。因此，每个成熟度级别都为建立后续成熟度级别的实践提供了基础。

在信息技术开发领域，能力成熟度模型（Capability Maturity Model，CMM）等级可以由咨询公司进行正式评估，咨询公司是需要经过资质认证的。许多大的信息技术公司都以获得能力成熟度 5 级（CMM 5）徽章为荣，但并不是每个公司都希望或需要达到 5 级。在许多情况下，3 级对于大多数企业来说就完全够用了，其定义为：当前的流程是文件化、标准化并集成化到组织中的。

对于你的企业以及企业中的每一个主要职能部门，这种评估的意义在于什么是"足够好"，它也是开发人工智能成熟度矩阵的核心。我在本节描述的方法论采用了成熟度矩阵的概念，并将其具体地应用于自动化。正如我在讨论自动化战略时提到的，我们最好尝试着从整体上考虑自动化问题，但也要把重点和视角放在人工智能上，这样才不会错过相关的机会或自动化系统运行的必要条件。因此，在矩阵中我们考虑的"自动化"包括所有范围的人工智能工具（聊天机器人、搜索、数据分析、优化引擎、图像分类、语音识别等），以及机器人流程自动化、机器人、物联网和众包（在第 4 章中详细介绍了这些）。

人工智能成熟度矩阵有 6 个级别，而不是通常的 5 个级别：这是为了引入 0 级，一个根本没有自动化的级别。6 个级别中的每个级别内容如下：

1）第 0 级：人工处理级别。这一级别，组织中几乎没有任何信息技术自动化的迹象；组织只部署了基本的信息技术系统，如电子邮件和"办公室"应用程序，内部或外包供应商有大量的人员处理事务性工作；没有把数据视为资产，也没有正式的治理措施来管理数据，更没有任何重要的项目来研究或需要实现自动化。

2）第1级：传统的信息技术驱动的自动化级别。组织已为特定流程实施了特定任务的信息技术应用（例如，用发票流程应用来处理发票）。没有证据表明已经部署了自动化工具，特别是人工智能或机器人流程自动化。数据的管理仅限于确保组织顺利运行所需的范围，仍有大量人员从事事务性的和跨系统的流程工作。

3）第2级：孤立的和基本的自动化级别。组织内一些独立的团队在一个流程或业务的孤立区域应用中已经使一些任务自动化，这一般通过使用脚本或宏来实现。工作和任务的收效微乎其微，仍然有大量人员在进行事务性和跨系统的处理工作，仍然只是在名义上进行数据管理。

4）第3级：战术部署个别自动化工具级别。组织在一些职能上已经部署了个别的自动化工具，如人工智能和机器人流程自动化，来使各种流程自动化。对此已经发现了一些好处。这一级别，没有使用或设置专门的自动化资源部署；对一些数据进行了管理，使其对自动化工作有价值，但不存在组织范围内的数据治理框架；在有自动化经验的区域，员工的工作方式和其他区域是不同的；组织的一两个案例研究在行业内是有名的。

5）第4级：战术部署一系列自动化工具级别。组织内的职能或部门已经在一系列流程中部署了许多不同的自动化工具，包括人工智能。这一级别，存在着可以确定可观收益的强大的商业案例；主动管理数据，一些领域已引入数据管理和存储政策；由于自动化工作，员工被重新部署，或者他们的工作方式有了实质性的改变；有一个自动化操作团队来组织一些专门的资源；组织在实施新技术和创新方面享有盛誉。

6）第5级：端到端的战略自动化级别。组织利用一系列自动化工具（包括人工智能）实施了一项战略性的端到端流程自动化计划。在降低成本、缓解风险和客户服务方面取得了显著的效益。组织把数据视为宝贵的资产，通过一个全范围的数据治理框架来管理数据。许多员工的工作方式与以前有本质上的不同。已经建立自动化卓越中心。组织以其创新和前瞻性的文化而闻名。

在上述描述中，我使用了"组织"一词来描述需要评估的范围：它确实可以是整个组织整体，但同样也可以适用于组织部分，如财务部、客户服务部或共享服务中心。当你的自动化程度和需求在深度或是广度上存在着最大差距时，应选择最详细的评估分析。总体上说，这个分析可以按职能或部门来做，也可以按地域来做。

成熟度的评估是一个主观的评估，是通过相互间的意见和对证据的审查来评估的。这种方法应该使所有参与人员都满意，而且必须在不同的领域尽可能保持一致。许多人利用第三方的咨询公司来进行评估，这样不但能够确保一致性，还能在任何可能的职场斗争中保持独立性。

不同级之间可能会有一些重叠。例如，一个部门可能已经战术性地部署了一系列自动化工具（第 4 级），但也创建了一个自动化卓越中心（第 5 级）。这种情况将由评估这些级别的人或团队来决定将其分配到哪个（最合适的）级别，重要的是要一直保持一致。

除了评估当前的自动化成熟度，我们也应达成一致的"自动化目标"。如前所述，目标级别不一定非要达到第 5 级，对于不同的评估领域，目标级别可能不同。并非所有领域都应该努力达到第 5 级，其原因有很多，包括要考虑实施成本、没有足够的相关数据、与战略目标不一致以及根本就不合适（在某些情况下，人性化可能是最好的一种考虑）。

因此，一个完整的人工智能成熟度矩阵会像下面的样子（见图 6.2）。

| 成熟度 ▶ | 0 | 1 | 2 | 3 | 4 | 5 |
|---|---|---|---|---|---|---|
| 过程区域 ▼ | 人工处理 | 传统的信息技术驱动的自动化 | 孤立的和基本的自动化 | 战术部署个别自动化工具 | 战术部署一系列自动化工具 | 端到端的战略自动化 |
| 客户服务 | | ■ | → | → | ■ | |
| 风险评估 | | | | → | → | ■ |
| 运营 | | | | → | → | ■ |
| 财务 | | ■ | → | ■ | | |
| 人事 | | | | → | ■ | |
| ITSM | | | | → | ■ | |

**图 6.2　人工智能成熟度矩阵**

注：ITSM 为信息技术服务管理。

它既显示了"现状"的成熟度（灰色），也显示了每个领域商定的"自动化目标"（黑色）。虽然这是一个相对简单的图表，但它为自动化战略和路线图奠定了基础。它还提供了一个有用的沟通工具，在高层次上描述了企业希望通过自动化和人工智能做什么。

第 0 级、第 1 级和第 2 级没有涉及我在本书中考虑的这类自动化，第 3 级才开始引入人工智能（和机器人流程自动化），而且一般集中在一两个单独的流程上，这相当于上一节讨论的人工智能追求目标中的"轻触人工智能"。第 4 级是将人工智能应用于广泛的流程中，或将其应用于多个领域，尽管这样仍然是战术性的，但这个级别相当于追求目标中的"改进流程"。第 5 级，是在整个业务中战略性地应用人工智能，相当于人工智能追求目标中的"转型"。

我所描述的利用人工智能创建新的服务项目或业务的追求目标超越了成熟度矩阵结构，因为它不是基于现有的职能或部门。这种程度的追求目标意味着要从一张白纸开始。

人工智能成熟度矩阵是开启你的人工智能之旅的有用工具。它给我们提供了一个机会，来公开讨论人工智能和自动化在整个业务中的作用和机遇，并提供了一个平台来开发"热度图"。

## 6.5　创建人工智能热度图

在开发了人工智能成熟度矩阵之后，创建人工智能战略的下一步是建立一个"热度图"，用来说明自动化的机会可能在哪里。在业务战略和希望实现的收益的驱动下，"热度图"提供了一个自上而下的视角，说明人工智能在哪些领域是可取的、经济和（或）技术上是可行的。它确定应用于每个领域的人工智能能力类型，以实现自动化的追求目标（因此有助于实现企业的战略目标）。

只要你对你的业务有足够的了解，并对人工智能框架有很好的把握，那么创建人工智能热度图的方法并不复杂，它的目的是作为一个起点，为你的业务带来一些重点和逻辑，以确定你的人工智能工作在最初阶段的优先级。

首先，你必须决定热度图的整体范围。通常情况下，要保持这个范围与成熟度矩阵的范围一致。因此，如果你最初评估整个业务时，将其分割成 5 个不同的业务领域，那么在热度图中也要使用相同的结构。

然后，依次对每个领域进行评估，确定每个领域的应用机会和所需的相关人工智能能力。这个工作最好分两次进行，第一次确定所有的机会，而不对其进行任何判断，类似头脑风暴，记录下来所有潜在的机会，在这个阶段不能否定任何一个。

再往下，是通过考虑一些不同的标准来确定机会（下文将逐一介绍这些标准）。通过对被评估领域的相关管理人员进行访谈，来让这些机会浮出水面，并且这应该由专业人士来完成，即充分了解人工智能能力框架和人工智能技术市场的人员。如果企业内部没有合适的资源，那么请倾向于利用第三方来进行这项工作。

1. 与战略目标保持一致

除非你是为了实施人工智能而实施人工智能，否则很重要的事情是确定一些人工智能机会，这些机会在某种程度上是有助于实现战略目标的。例如，如果你的唯一战略目标是提高客户满意度，那么这项工作的重点应该是那些能够影响客户服务的流程，而不是降低成本。

2. 解决现有的挑战

人工智能可能有机会解决现有的问题，例如管理信息不够充分、合规性较差、客户流失率高。这些机会可能与战略目标一致，也可能不一致，但仍要考虑纳入这些机会，因为它们肯定可以为企业增加价值。

3. 可用的数据源

因为在大多数形式下，人工智能需要大量的数据才能发挥最大的效力，所以一个关键的考虑因素是确定相关的数据源。在有非常多的数据集的地方，人工智能就有可能有机会从其中提取一些价值。反之，如果数据非常少，或者没有数据，则可能无法使用人工智能（有些人工智能技术，例如在第 3 章中讨论过的聊天机器人和认知推理引擎，它们不需要大量的数据输入，只需要捕获知识，就能有效地工作，所以不要简单地把数据量少等同于没有人工智能机会）。

4. 可用的现有技术

很重要的是，我们需要了解人工智能能力和能够提供这些能力的相关工具，这样才能识别出人工智能带来的机会。虽然根据业务需求来"拉动"人工智能的想法是最好的，但随着人工智能处于技术前沿，根据现有技术来"推动"想法也是有效的。

　　到此为止，你应该从你所调查的各个领域中发现了一系列不同的机会。例如，在客户服务中，你可能已经发现了提供在线自助服务能力以购买活动门票的机会，这可以帮助实现你的战略目标，改善客户体验，增加门票的销售。就人工智能能力而言，它可能需要语音识别（如果你想提供电话接入）、自然语言理解（用于聊天机器人）和优化（引导用户完成购买过程），它还可能需要一些机器人流程自动化能力来完成实际购买操作（第 4 章中讨论的众包，作为另一种能力也要包含进来，以支持任何人工智能的机会）。关于数据来源，有预先训练好的语音服务可供选择，而且目前处理这些交易的人类客服人员也给人工智能提供了很好的知识来源（见图 6.3）。

| 职能 ＼ 自动化类型 | 机器人流程自动化 | 搜索 | 聊天机器人 | 分析 | 过程 | 风险 | 欺诈 | 声音 | 图像 | 信息技术自动化 | 众包 |
|---|---|---|---|---|---|---|---|---|---|---|---|
| 客户服务 | | ■ | ■ | ▦ | ▦ | | ▦ | ▦ | | | |
| 风险评估 | ■ | | ■ | ▦ | ▦ | ▦ | ▦ | | ▦ | | |
| 运营 | ▦ | | ▦ | | | | | | | | ■ |
| 财务 | ▦ | | ▦ | | | | | | | | |
| 人力资源 | ▦ | | | | | | | | | | |
| 信息技术 | | | | | | | | | | ▦ | |

图 6.3　人工智能热度图初步分析

　　因此，对于这些想法中的每一个，你都应该了解它的机会是什么，它如何与战略目标［和（或）解决当前的问题］相联系，以及你需要哪些人工智能能力来实现这些想法。然后将想法逐一展开，就可以创建一个人工智能收益和要求的热度图。

我倾向于使用颜色来识别"最热门"的领域，但你也可以使用数字或任何你习惯的方法。这样我们可以清晰地看见那些能够带来最大收益的领域，以及那些对你来说最重要的人工智能能力（见图 6.4）。（译者注：颜色越深越热门。）

在各种机会中的第二关是将它们筛选为那些可取的、技术上可行的和经济上可行的机会。如果这个想法不能满足所有这些标准，那么它就不可能成功。

1. 可取性

可取性用来衡量企业对这个新想法的需求程度，因此这关系到它与战略目标的一致性，以及它如何应对现有的问题和挑战。但是，也应该从客户的角度考虑这个机会（如果该机会对客户有影响的话），以及从文化的角度考虑，实施它的部门或职能部门对这个想法的接受程度。在某些情况下，你还必须考虑这些部门的经理和员工的个性，了解他们的支持（或抵制）程度。很明显，如果一个想法没有通过可取性测试（来达到你认为适合你的组织的门槛），那么它可能暂时不应该往下一步发展。

2. 技术可行性

在上面提到的第一关中，已经在一定程度上评估了数据来源和技术的可取性。第二次评估将会更详尽，需要考虑的因素有：数据的质量、可能需要的处理能力或带宽、所需技术的成熟度以及实施该技术所需的内部和外部技术能力等方面。也可能需要考虑其他方面，如监管限制，特别是关于数据使用的限制。

3. 经济可行性

经济可行性的测试是对商业案例的初步了解。一个全面的商业案例需要适时地得到发展，但在这个阶段，其经济可行性可以在一个

| 人工智能热度图 | 成熟度 | 战略目标 | | | 挑战 | | | 收益 | | | | | | | 人工智能能力 | | | | | | | |
|---|---|---|---|---|---|---|---|---|---|---|---|---|---|---|---|---|---|---|---|---|---|---|
| | | 战略目标1 | 战略目标2 | 战略目标3 | 挑战1 | 挑战2 | 挑战3 | 降低成本 | 客户服务 | 降低风险 | 合规 | 减少损失 | 创造收入 | 缓解渗漏 | 图像 | 语音 | 搜索 | 自然语言处理 | 计划 | 预测 | 机器人流程自动化 | 集群 |
| 组织 | 1 | | | | | | | | | | | | | | | | | | | | | |
| 客户服务 | 1 | | | | | | | | | | | | | | | | | | | | | |
| 机会1 | | | | | | | | | | | | | | | | | | | | | | |
| 机会2 | | | | | | | | | | | | | | | | | | | | | | |
| 机会3 | | | | | | | | | | | | | | | | | | | | | | |
| 运营 | 2 | | | | | | | | | | | | | | | | | | | | | |
| 机会1 | | | | | | | | | | | | | | | | | | | | | | |
| 机会2 | | | | | | | | | | | | | | | | | | | | | | |
| 财务 | 1 | | | | | | | | | | | | | | | | | | | | | |
| 机会3 | | | | | | | | | | | | | | | | | | | | | | |

图 6.4  人工智能热度图

相对较高的水平上进行评估。应该考虑给企业带来的经济收益方式，例如降低成本、降低风险、提高债务回收率、创造新的收入或减少收入流失等。还有，如果相关的话，可以评估该机会如何提高客户满意度（CSAT）的分数。另外，在这个阶段也应该进行成本评估，这些成本可能包括许可证费用、信息技术基础设施和专业服务费用。当然，在这个早期阶段，可能很难评估具体成本，因此对成本用 10 分制进行打分是合适的，例如设定一个门槛分数，任何超过该值的成本都会遭到拒绝（这显然需要与所获得的利益相平衡）。

如果想要进入最终的热度图，每个想法都应该能够通过这三个测试。当然，也可以有例外的情况，但要明确你为什么要破例，并在前进的过程中牢记该原因。对于被否决的想法，一定要给它们保留好记录，因为事情是变化的，尤其是围绕着技术可行性的变化，现在不适合的东西，将来可能正好是合适的。

那么现在你就有了一个人工智能热度图，它显示了你将关注的主要领域、在这些领域可以带来的收益以及实现它们所需要的能力。每一个机会以及热度图中呈现的高层次视图，还应该有一段相应的文字（或单独的幻灯片）来对应，以提供更多必要的细节来说明这个机会的实际意义和对数字的一些解释。

作为总结和演示，人工智能热度图可以汇总成一个概览图用以涵盖主要领域和整个组织。

现在，既然我们已经很好地了解了构成自动化战略基础的机会，那么下一步就是将这些热度图上的机会发展成商业案例。

## 6.6　发展人工智能商业案例

创建人工智能项目的商业案例，在很多方面与任何技术项目都是一样的：既要实现利益，也要承担成本。但对于人工智能来说，因为往往需要处理更多的未知数，所以这项任务更具挑战性。这些未知数会使计算投资回报率（Return On Investment，ROI）成为一项几乎徒劳的工作，组织必须依靠直觉并灵活运用数据，尤其是当通过人工智能开发新方法和新服务时。

幸运的是，创建人工智能成熟度矩阵和热度图所做的工作提供了一个很好的方法论，可以用于评估哪些是能够带来最大价值的人工智能机会。只要稍加思考，就能为每一个人工智能创造一个有意义的商业案例，而且该案例肯定是可行的。

在人工智能热度图中，我们已经有了一份机会清单，并对哪些是最有前途的机会进行了高层次的评估。在我前面的例子中，显示为"最热门"（深灰色）的机会是需要优先考虑的，特别是当它们在不同的方面（战略调整、解决当前的挑战、利益类型）都很强的时候。在这个阶段，你可以很容易地应用一些评分机制来确定优先级的过程。例如，您可以用 3 分制的分数来代替灰度深浅或颜色，并给每项标准赋予权重，然后将所有这些标准加在一起，得出每个机会的总分。

如果你觉得有信心，或者在这项工作中得到了第三方的支持，还可以在"易实施性"的大标题下引入其他标准。这将受到功能成熟度（来自成熟度矩阵）的影响，但也会考虑到技术可行性和可取性，这也是我们在创建热度图的第二关筛选机会时会考虑的。以这种方式对每个机会进行评分，再加上适当的权重，将使你的决策过程更加深入。

通过这项工作，我们将得到一个优先考虑的人工智能机会列表：是时候开始认真对待其中的一些机会了。你是只选择得分最高的想法，还是选择前三名或前十名，这完全取决于你的整体人工智能追求目标和你可用的时间和资源。在这个阶段，无论你选择了多少机会，可能都要从自己的组织或第三方征集一些专家资源。

不同的组织有着不同的方法来计算商业案例，有的会关注投资回报率，有的会关注净现值（Net Present Value，NPV），有的会关注内部回报率，还有的会关注投资回收期。因为这些方法都是非常标准的，所以我不打算在这里对它们进行逐一解释，我想你熟悉自己的组织所喜欢和擅长的方法，但所有这些方法都需要计算长期的收益和成本，因此我将提供一份备忘录，来说明你可能需要在每个领域中包含的内容。

人工智能所能带来的收益是巨大的，也是多种多样的，它可以分为"硬性"收益，也就是那些很容易用货币价值计算的收益，以及"软性"收益，也就是那些无形的、难以量化的收益。还应该注意的是，实施一个人工智能可能会带来一系列不同的收益，而不仅仅是一种特定类型的益处。这一点很重要：虽然你实施人工智能系统可能是为了降低成本，但也可能从合规性或风险缓解方面得到相关收益。对于人工智能热度图中确定的每一个机会，你需要考虑是否适用以下描述的每一种收益类型。

硬性收益可以分为以下几类：

1. 降低成本

这是最简单的量化收益，因为通常会有一个基本成本可以与未来的较低成本进行比较。对于人工智能来说，这些情况通常是新系统将取代人类扮演某一角色或从事某项活动（请回顾第 1 章中关于替代与增强的讨论）。例如人工智能搜索能力将取代阅读和从文档中提取元数据的活动，它将比人类做得更加快速和准确，这意味会放大收益；聊天机器人（使用自然语言理解）也可以取代人类呼叫中心工作人员所做的一些工作，当与认知推理引擎结合时，也可以进行语音识别；自然语言生成（自然语言处理的一个子集）可以取代业务分析师来创建财务报告；还有，如果人工智能可以更有效地规划工人和（或）车辆的路线，那么时间和金钱成本就会减少。

2. 规避成本

对于发展中的企业来说，规避成本是比较容易接受的降低成本的一个方式。与其招聘更多的人员来满足需求，还不如引入人工智能（以及机器人流程自动化等其他自动化技术）来替代。其人工智能解决方案类似于降低成本的方案。

3. 客户满意度

这通常是基于调查的满意度指数来衡量的，如客户满意度（CSAT）或净推值得分（Net Promoter Score，NPS，是指客户的正面反馈和负面反馈之间的差异）。有的企业将其与货币价值挂钩，有的企业则将其直接与管理者自身的评价和奖金挂钩。对许多人来说，它是一个关键绩效指标。人工智能对问询的反应更灵敏，而且能更准确地回复，在回复中也能提供更丰富的信息，它还可以减少在客户参与过程中和提出相关建议过程中的摩擦，从而有机会提高客户满意度（当然，也可以通过情感分析来自动衡量客户满意度本身）。

4. 合规性

合规性是基于硬性规则的，自学习系统可以提高合规性，虽然有些人可能会质疑这一点，但实际上人工智能在识别不合规方面非常出色。使用自然语言理解和搜索引擎，人工智能可以将政策、程序与法规、规则进行匹配，并把差异着重突出。不合规会有潜在成本损失，例如罚款或者特定市场的业务损失，合规带来的收益可以通过这些损失来衡量（顺便说一句，因为机器人流程自动化中，每个自动的流程在每次都会以完全相同的方式完成，所采取的每一步都会被记录下来，所以机器人流程自动化是合规性的强大驱动力）。

5. 缓解风险

人工智能可以监测并确定那些对人类来说不可能做到或者要付出非常昂贵的代价才能做到的风险领域。这里使用人工智能的经典的例子是大宗交易中的欺诈监测，如信用卡支付；在某些情况下，人工智能可以比人类做出更好的基于风险的决策，如信贷审批；因为人工智能能够验证文件和数据源，并帮助完成信用检查流程，所以它还可以为"了解你的客户（Know Your Customer，KYC）"流程做出贡献（在这里，机器人流程自动化也有助于访问必要的系统并运行该流程）。与合规性一样，缓解风险可以通过已经避免发生的成本损失来衡量，例如欺诈或错误的信用决定造成的成本损失。

6. 减少损失

减少损失是可以通过改善债务回收来达到的。机器人流程自动化可以管理这个过程中的时间和活动，来完成其中的大部分繁重的工作。但人工智能也可以发挥作用，例如，生成适当的信件或与债务人接触。减少损失可以通过使用自动化回收的现金增加量来衡量。

7. 缓解营业收入流失

缓解营业收入流失通常通过减少失去创收机会的情况来实现。例如，当客户不再使用你的服务时，你的收入会减少，但如果早期识别（即聚类）这种行为，可以通过计算客户的收入值来减少客户流失。其他人工智能能力，如自然语言理解和预测能力，能让客户更多地参与到你的业务中来，从而为减少收入流失做出贡献。

8. 产生营业收入

这可能是人工智能在货币价值方面带来的最大好处。人工智能可以帮助实现自助服务功能（例如，通过语音识别、自然语言理解、优化和机器人流程自动化），识别交叉销售和向上销售的机会（通过聚类），从你现有的业务或全新的服务或产品中创造新的机会来增加营业收入。虽然要把人工智能的具体贡献单独剥离出来可能具有挑战性，并且需要做出假设，但是在事后也容易衡量计算由其产生的营业收入。预测营业收入需要使用建模技术，而你的业务中应该已经存在着可用的大部分这类建模技术。

在衡量自动化收益时需要记住的一点是，在实施自动化后，某些情况下员工的生产力实际上可能会下降。这并不是一件坏事，只是反映出员工正在处理更复杂的事情，而同时技术正在处理更简单的事情，总的来说，生产率会有所提高。但如果你只看人类员工，他们很可能需要更长的时间来处理（更复杂的）事情。

软性收益本质上更难用金钱来衡量，虽然准确性不那么容易确定，但它仍然是可以进行评估的。

9. 文化变革

这可能是最难实现，也是最难衡量的，但它可以为组织带来巨大的价值。当然，这取决于你已经拥有的文化类型，以及你想将其改变成什么。人工智能可以帮助嵌入创新文化，以及将以客户为中心的理念传递到业务中。它带来的实际的收益通常与更广泛的变革计划相关联，分离出来这些因人工智能而产生的具体收益是很有挑战性的，但是由于其潜在的价值，我们不应该忽视这些收益。

10. 竞争优势

如果人工智能提供了先发优势、新的服务线、新的市场或新的客户，这无疑可以带来显著的收益。这些收益将与一些"硬性"收益密切相关（通常会计入），如降低成本、提高客户满意度和产生营业收入，但企业应该始终寻求竞争优势，因为它是实现价值阶梯式改变的方式。

11. 晕轮效应

至少在当前的十年里，人工智能技术的应用具有巨大的商业潜力和市场需求。企业如果能够"轻触人工智能",那就可以对外声称是一个"启用人工智能"的企业,这可以吸引新的客户使用你的产品或服务。如果营销得当,任何数量的人工智能的实现,都将有助于公司的股价上涨,从而对股东的价值产生积极影响。

12. 带动其他利益

人工智能除了提供直接收益,还可以带来间接收益。例如,实施人工智能可以腾出员工,将其部署到更高价值的活动上;或者利用从自动化流程中产生的数据来提供额外的洞察力,这些洞察力可以用在业务的另一部分;实施人工智能,还能通过消除部门中的许多琐碎工作来减少员工的流失。

13. 实现数字化转型

将企业转型为更加"数字化"的企业,是目前许多企业共同的战略目标。人工智能显然是这种转型的一部分,通过实施人工智能,可以直接实现或间接促成数字化业务的许多收益。

一个人工智能案例至少会包括一种我所列出的上述硬性收益和软性收益,而且通常包含几个收益,各类收益应该作为你的人工智能商业案例的起点。对于热度图中确定的每一个人工智能机会,都要充分考虑每一类收益,这样才能保证确定识别出所有的收益,而没有遗漏。

一旦完成所有相关的计算,就可以将每个机会的收益汇总到各部门和组织中,从而全面了解人工智能所能带来的价值。此外,还要考虑不同机会之间是否有协同作用。例如,一个部门中正在实施的多个人工智能计划,是否能促进该部门的文化变革?

在商业案例数据的支持下,热度图为你的业务提供了一个全面的人工智能机会优先级列表。但是,在你迈出第一步,建立原型并实施最有利的候选机会之前,你需要了解你的最终路线图是什么样的,以及你将如何处理随之而来的所有变革管理的方方面面。接下来的两节将介绍人工智能战略拼图中的这两块。

## 6.7　了解变革管理

即使是最简单的信息技术项目也需要变革管理。随着自动化和人工智能的发展，这方面的挑战也变得更加突出：你不仅要从根本上改变人们的工作方式，还可能要让人们离开工作岗位。即便这不是你的本意，但"自动化"项目释放出的信号会使员工认为确实是这样。

作为人工智能战略的一部分，你可能会创造一种新的产品或服务来与你的传统产品或服务进行竞争。这种"良性竞争"可能对业务有利，但不一定对员工的士气有利。建立新的能力意味着对你的组织进行转型：会创造出新的工作岗位，会使旧的工作岗位消失。有些人能够应对这种变化，有些人则无法适应。

在本书的一开始，我就谈到了人工智能替代人类和人工智能增强人类之间的区别。显然相比替代的方法，增强的方法会更少出现变革管理问题。任何能够证明人工智能将如何丰富人们正在做的工作（尽管人工智能可能需要以不同的方式来做）的东西，都是有帮助的。通过人工智能分析和解读数据，人们可以更深入地了解自己的工作、客户或供应商，从而在工作中变得更加成功。

如果说自动化正在取代人类的工作，那往往是针对那些事务性较强、烦琐的任务。威尔考克斯（Willcocks）和莱西奇（Lacity）教授创造了一个有用的短语，那就是"自动化使机器人脱离了人类"。因此，无论以何种方式，如果你的人工智能项目减轻了人们多年来一直在做的琐碎、重复性的工作，那就值得庆祝。

虽然人工智能的变革有时难以预知，但许多常见的变革管理实践仍然适用于人工智能项目：尽可能早且经常地进行沟通；尽可能地让员工参与并赋予他们权力；寻求短期的胜利；巩固成果以产生进一步的动力；适当地激励员工；适时地调整变革的节奏，并在下一次变革之前诚实地评估。

自动化项目面临的一个挑战是原型开发后的低潮，最初的构建可能会成为其自身成功的牺牲品：虽然真正创造出的东西可能不是一个完整的解决方案，但它也会让人感到欣慰，不过，由于每个人都会后退一步，最终会导致丧失注意力和动力。

要克服这种情况，首先要意识到这一点，然后做好准备。在原型即将完成的时候就安排好评审会，并在不久之后召开指导小组会议，或者让 CEO 做一个庆祝性的宣布声明，说这只是"开始的结束"。如果可能的话，在第一个项目完成之前就开始进行项目的下一阶段，或者开始另一个原型，这样重点就可以迅速转移到下个项目上。这时最坏的情况就是暂停几周或几个月。

一般来说，对人工智能项目采取"大胆"的做法可以避免潜在的低迷期，从而取得最大的成功，并有助于保持动力。然而，所有的组织都是不同的，"低调"的方法可能是最适合你的：只要确保你的商业案例和路线图（在下一节中涉及）能反映出这一点。

除了管理组织内部的所有变化，你可能还需要管理客户的变化。如果你的人工智能项目会影响客户与你互动的方式，那么你就需要让他们为这种变化做好充分准备。这将涉及大量的沟通，需要支持营销工作和相关的宣传材料，如电子邮件、网站文章和常见问题（FAQs）。

如果你的人工智能项目改变了你使用客户数据的方式，那么你就需要让客户了解这将会产生什么影响，尤其需要明确围绕数据隐私的敏感关系，你最好就客户数据使用的变化寻求法律建议。

这不是一本关于如何管理变革的书（市面上已经有很多这样的书了），你可能已经有自己的首选方法来解决这个问题。这里只是说明你不应该以任何方式忽视变革管理：实施人工智能会带来自己独特的挑战，特别是当组织中的一些变化可能是天翻地覆的。你需要理解和仔细地管理这些挑战，并将其纳入你的人工智能路线图中。

# 6.8　制订你的人工智能路线图

人工智能路线图提供了一个中长期计划，以实现你的人工智能战略。由于它大量借鉴了人工智能成熟度评估和人工智能热度图，所以制定人工智能线路图是一个相对简单的事情。

成熟度评估将为你提供一个起点，你将需要花更多的努力和时间来完成那些在自动化方面还不成熟的领域，对于那些可能需要额外支持的领域，你需要用变革管理评估来指导。

通过人工智能热度图和后续商业案例识别和确定的机会，是人工智能路线图的核心。但是与其对一系列单独的机会进行研究，不如将它们归入共同的主题，这不失为一个很好的做法，这些主题可以代表一些不同的项目或工作流，当然最好是围绕着共同的人工智能工具。例如，流程优化流可能专注于提高流程的准确性，还可以减少平均处理时间，而分析和报告流则专注于提供合规性和改进报告。每一个工作流使用一系列不同的技术，都与商业战略的产出收益相关联。

通过确定具体的项目工作流和相关活动（变革管理、项目管理、治理等），人工智能路线图能保持在一个相对较高的水平，对于每个工作流，都应该有一个更详细的项目计划，用于确定依赖关系和各自的责任（见图 6.1）。

你很有可能想为你最钟情的候选机会建立一两个原型，这些原型最好有自己的详细项目计划，并构建在路线图中，我将在下一章中提供关于原型构建方法的更多细节。原型构建不但需要测试和验证假设，也将会为你的人工智能项目提供重要的动力。

在构建人工智能路线图时，关键的考虑因素包括：你的最终的自动化目标（这是一个改变你的业务的项目，还是你只是想在某些领域进行尝试）；你是想先评估整个业务，然后再实施人工智能，还是想先在一些特定的领域实施人工智能，以获得快速发展的势头；以及你的组织在任何时候都能承受多大的变化（见前面的章节）。

重要的是要记住，你的人工智能路线图将是一个重要的沟通工具。它应该明确规定你要做什么，什么时候做，这样你就可以用它来解释如何实现人工智能战略，以及如何最终为你的整体业务战略做出贡献。

## 6.9 创建你的人工智能战略

现在你已经有效地完成了人工智能战略，接下来你将可以审视你的业务战略，并找出哪些方面是可以通过人工智能技术的应用来满足的；你要确定对人工智能项目的追求目标有多大：无论是仅仅为了能够展示你拥有一些人工智能，还是为了改进一些工作流程，或者是为了改造你的部分业务，甚至是决定通过利用人工智能创建一个新的业务。

然后，你要审视你的组织，并评估其人工智能成熟度的水平。一些职能或部门的工作可能仍停留在人工运行水平，而其他部门可能已经开始了一些自动化项目，甚至一些部门可能已经有了人工智能项目。对于每一个领域，你都可以制订人工智能目标，从而明确要达到该目标而必须为之努力的差距的大小。

人工智能热度图是帮助你确定如何缩小这一差距的工具。基于对人工智能能力框架的了解，你将会在每个领域中识别出一些不同的人工智能机会，评估并优先考虑它们的潜在利益、挑战以及与业务战略的一致性。

根据人工智能热度图中的信息，你将可以制订一个高层次的商业计划书来阐述你所期望实现的硬性收益和软性收益。

最后，你还要考虑变革管理活动，为了确保人工智能项目成功，这些活动是必需的。你也要将其纳入人工智能路线图，该路线图规定了你将如何实现人工智能战略的中长期计划。

现在是时候开始构建一些东西了。

## 6.10　认知推理供应商的观点

雨鸟公司（Rainbird）是一家在认知推理软件业内领先的供应商，其客户和合作伙伴参与主管马修·布斯克尔（Matthew Buskell，MB）接受了我（AB）的采访，以下是采访节选。

AB：为什么现在人们如此谈论人工智能，你的观点是什么？

MB：我认为这是各种力量共同作用的结果，它引起和推动了人们的兴趣。具体来说就是外包、云计算、大数据，当然还有好莱坞。从现实来看，外包的主要推动力是经济因素，然而监管力度已经加大，利润率也不断降低。当外包不能给我们带来足够大的回报时，我们就需要寻找其他方向。因为人工智能可以提高现有员工的生产力，这是单靠外包无法实现的，所以在这种情况下，人工智能很有吸引力。

云计算是人工智能在经济上可行的一大原因，这和算法有关。在过去 30 年中，算法得到了不断优化和完善。为了说明这一点，我给大家讲讲伊恩（Ian）的故事。1994 年，伊恩在伯明翰大学和我一起攻读软件工程和人工智能的本科课程。他决定为一篇关于语言学的论文编写代码。当他运行程序时，所需的处理能力是如此之大，以至于让整个校园的服务器和工作站的 Sun Hyperspark 网络都陷入了瘫痪。于是，学校只允许他在晚上 10 点到早上 6 点之间使用计算机。因此，我有将近一年的时间没有见到伊恩。今天，我们把他的研究领域称为自然语言理解，你可以从几家云供应商那里以很少的价格购买。

　　大数据让人工智能变得有趣起来。对于某些类型的人工智能，例如机器学习，要想让它们很好地工作，就需要大量的数据。的确，大多数企业在二十年前就在收集数据，但直到如今他们才部署了大数据平台，来允许人工智能系统访问这些数据。现在，人工智能已经能够很好地利用这些数据。

　　好莱坞可能是个奇怪的补充，但事实是，自从艾达·洛夫莱斯（Ada Lovelace）在 18 世纪描述了第一台计算机以来，人们就一直着迷于计算机可以思考的想法。像英国第 4 频道的《人类》这样的电视节目，以及像《前机械时代》这样的电影，都会让这种兴奋感更加强烈。另外，一些博客还会有相关的新闻文章和广告词，有一句著名的短句概括了好莱坞对人工智能的影响："人工智能是一项如何让真实的计算机像电影中的计算机一样工作的研究"。

　　这也给今天的人工智能行业带来了很大的挑战。事实上，我们是远远不能模拟人类的思维的，所以如果人们对人工智能有太高的期望值，一路走下来必然会导致有些失望。

　　AB：客户能从你的软件中获得什么价值？

　　MB：雨鸟（Rainbird）软件的特点是模仿人类的决策、判断和建议。与其他人工智能不同的是，它是"从人开始"的，而不是"从数据开始"的。意思是说，我们会找一个学科的专家，让他教授雨鸟如何做出决策和提供建议等。

当你停下来想一想，如果你能模仿人类的专业知识和决策，那么"你能做的事情"的清单是无穷无尽的。我曾参与过一些项目，例如艾比路录音室（Abbey Road Studios）试图模仿他们（比较年迈的）音响工程师的专业知识，大型银行和税务咨询公司试图将最佳员工的专业知识编码到雨鸟软件中以减少员工人数。

然而，总的来说，我们注意到在两个领域能看到显著的价值：

1）如果你能利用专业知识，创建一个允许客户自助服务的解决方案，那就能够带来惊人的效率提升。目前，这种解决方案正在通过"聊天机器人"得到体现。然而，从长远来看，我们认为公司应该拥有一个"认知平台"，不过其用户界面可以是也可以不是聊天机器人。

2）如果你能把一个流程中的知识向上游移动，那么对下游流程的影响将是巨大的。例如，我们将汽车索赔中的责任解决方案向上游移动，由呼叫中心代理人处理，可能会减少超过 15 个下游流程的需求。

AB：如果客户或潜在客户想要从人工智能中获得最大价值，他们需要关注什么？

MB：我注意到很多公司没有花足够的时间去研究客户经历或商业案例，却急于进入人工智能概念验证的过程。

有一些客户的做法是正确的。例如，前几天我和一个苏格兰的客户在一起交流，该客户在开发概念验证时采用了更多的设计思考方法。当我们开始这个过程时，都有一个想法，觉得可以用一个能回答常见问题的简单机器人来快速启动和运行。而当我们真正研究这些问题，然后和一个真正的代理人交谈后，很快就会明白，一般的建议很难持久，然后就变得具体了。这时，你需要一个人类员工介入，所以使用人工智能的结果是,你将支付两次费用:一次是给虚拟代理,一次是给人类。这可不是一个好主意。其实,我们能够通过对虚拟代理的深入研究来发现其价值,让它能够用较少的问题完成完整的交互。

AB:你认为目前围绕人工智能的炒作是可持续的吗?

MB:就我个人而言,我认为这种炒作是没有帮助的,所以我希望它放慢脚步或变得更接地气儿。然而,我认为不幸的是它将继续下去,主要是因为我们需要人工智能来工作,如果没有它,我们必须面对一些非常严峻的经济现实。

AB:你认为人工智能市场在未来几年的发展如何?

MB:目前市场非常分散,而且人工智能技术的使用案例非常广泛。所以,我认为像软件创新一直以来所做的事情一样,人工智能也会整合所有这些公司,这样他们就可以提供端到端的解决方案,那些效果好的应用案例会存活下来,而其他的案例会出局。

最后我想留给大家一句话,这也是被誉为人工智能之父的约翰·麦卡锡(John McCarthy)所说的:"一旦技术变得普及和成熟,它就不再被视为人工智能技术了。"(译者注:这是说,在迈向最终的人工智能追求的过程中,新的技术如果得到广泛应用,就会变成常规业务,不再仅仅被视为人工智能的一部分。)

## 参考文献

Willcocks LP,Lacity MC(2016)Service automation:robots and the future of work.Steve Brookes Publishing Warwickshire,UK.

# 第 **7** 章

# 人工智能原型设计

## 7.1 引言

对于任何人工智能项目来说，开始你的第一个人工智能构建都是一个关键的里程碑，无论这个构建有多么小。在制定人工智能战略并进行艰苦工作之后，你的组织中的人们才可以真正看到人工智能发挥作用并产生结果。因此，做好这个阶段的工作是非常重要的。

有很多不同的方法可以实现这一点，我将在本章的"开始你的第一个构建"部分详细介绍这些方法，它们各自有不同的名称和缩写。为了简单起见，我使用"原型"这个词作为所有这些方法的统称。

原型设计可以在人工智能战略完成后进行，也可以在战略制定过程中对一些假设进行验证。这些假设的重要性（如果它们是项目成功的根本，那就尽早进行测试），以及你需要多少利益相关者的支持和动力（一个成功的原型是与利益相关者沟通和交流的好方法）都可能会影响原型。

你在原型设计阶段做出的一些决定可能会对项目的其他部分产生影响，其中最重要的是你的技术策略：你是自己构建人工智能解决方案，还是从供应商那里购买，或是在一个成熟的人工智能平台上构建，抑或是混合使用所有这些技术？我首先要解决的就是这个问题。

## 7.2　构建平台与购买平台的比较

上一章中讨论到，一些商业案例成本需要你对如何创建人工智能解决方案进行一些假设。一般来说，有三种主要方法可供选择：现成的人工智能软件、人工智能平台或构建定制的人工智能应用程序。你的最终解决方案可能会根据不同需求选择这些方法中的任何一种，但在最初阶段，你可能会确定其中一种作为核心功能的重点。

1. 现成的人工智能软件

这通常是最简单的方法，因为供应商已经完成了设计系统的大部分艰苦工作。正如我在前面章节中所描述的那样，有很多的人工智能供应商，每个供应商都可以提供一种特定的能力，这种能力可以作为一个独立的应用程序，也可以作为更广泛的解决方案的一部分。

除了完成设计、测试、调试等工作，供应商还会支持产品使用现成的人工智能软件，他们很可能拥有自己的实施资源，或培训其合作伙伴来支持实施。你仍然需要努力去识别、清理和提供所需的数据，以及提供有关你自己的流程的专业知识（所以"现成的"表述有点不准确），但一般来说，在实施人工智能能力的道路上，这是"最小阻力的途径"。

软件包的能力可能与你的目标和所需功能不够一致，这是使用它的最大缺点。例如，你可能想实施一个系统来分析客户反馈的情绪。某个供应商提供的系统可以完全按照你的期望来分析数据，但提供不了任何有用的报告工具；另一个供应商可能在分析方面不那么有效，但却能提供一流的报告套件。

依靠软件供应商为你提供人工智能能力也存在一些风险，由于现在围绕着人工智能的过度炒作（还记得第 1 章吗？），有不少供应商不过是有着一个想法和一个网站。许多人工智能软件供应商都是初创企业或年轻的公司，这是我们面临的问题，所以要识别那些具有可行性和稳定产品的供应商是一项困难的任务。你需要非常全面地调查，才能过滤掉那些还没有足够经验或能力的供应商。如果在这个选择阶段使用人工智能专家，就可以在项目后期省去不少麻烦。（不过，如果一个软件供应商的技术有可能为你提供独特的竞争优势，或者你想帮助塑造他们的产品，以便为你提供无论是功能性、排他性还是价格上的一些特定的优势，你也可以有意选择尚未完全商业化的软件供应商）。

人工智能软件的商业模式可谓五花八门。最常见也是最简单的是年度订阅模式，其中包括必要的许可证以及软件的支持和维护。如果是软件即服务模式，它通常还包括由供应商（或供应商的代理）托管软件。这些人工智能软件包是完全成型的，有一个用户界面用于培训和使用产品。对于其他类型的人工智能软件，则采用"随用随付"模式，即通过应用程序接口访问软件（例如确定某段文字的情感）：用户按应用程序接口调用次数付费。根据调用量的大小，通常会有不同的定价区间。

2. 人工智能平台

人工智能平台是介于现成软件包和定制构建之间的环节。提供人工智能平台的有大型科技公司如 IBM、谷歌、微软和亚马逊等，一些大型外包供应商如印孚瑟斯（Infosys）和威普罗（Wipro）等（译者注：印孚瑟斯和威普罗都是总部在印度的全球技术服务公司），以及特定平台供应商如 H20、Dataiku 和 RapidMiner 等。

在第 4 章的"云计算"部分，我描述了亚马逊的人工智能服务

"堆栈"这个典型的平台产品，它为那些简单且定义明确的需求（如通用的文本翻译到语音）提供现成的、可随时训练的算法；为需要在模型中添加自己的特定做法、细节和数据的公司提供未经训练但现成的算法；为研究人员和数据科学家提供一套人工智能工具，以便他们从头开始构建自己的算法。平台供应商通常也可以提供基础设施。当然，针对解决方案所需的不同功能，一个组织可能会希望使用一系列以上提到的这些服务。

如果你的组织已经与某家科技巨头建立了合作关系，尤其是已经与云服务建立了紧密的联系，那么平台方法可能是很有意义的。不过，你可能会发现，针对特定人工智能能力，平台专业供应商在某些方面可能不如独立人工智能供应商。你必须在这些方面做出一些妥协，当然你也可以在这两种类型之间进行混搭，这取决于你的合作模式的严格程度。

外包供应商也为他们的客户提供人工智能平台：例如印孚瑟斯有Nia，威普罗有Holmes。它们通常结合了一个数据平台（例如用于数据分析）、一个知识平台（用于表示和处理知识）和一个将这些与机器人流程自动化结合在一起的自动化平台。如果你的外包供应商确实有一个强大的人工智能平台，那么他们当然是值得你关注的：假设他们的能力符合你的要求，你可能会使用他们的资源来实施人工智能，这确实能给你提供一个相对简单的路线。

除了科技巨头和外包供应商提供的平台，还有一些由人工智能厂商提供的开发平台，如H20、Dataiku和RapidMiner（有时称这些为数据科学平台）。它们利用自己的或使用第三方的资源，为开发人工智能应用提供了坚实的基础。这些平台由许多不同的工具和应用构件组成，可以相互集成，同时提供一致的操作界面和操作方式。相对于其他平台模型，这种方法将为您提供最大的灵活性和控制：它的工具通常比大型平台提供的工具更先进。但你需要在设计和实施上采取更加实际的方法，这些系统的主要用户是数据科学家。

不同供应商的定价模式各不相同。为了商业发展，一些供应商提供了一个收入分成模式，他们将从在其平台上构建的应用程序的后续收入中收取一定比例的费用（通常约为 30%）。最常见的方法是按应用程序接口调用收费：这意味着你开发的应用程序每次使用平台的某一特定功能（如将一段文本转换为语音）时，都要支付给平台少量费用。通常有一个门槛，低于这个门槛的应用程序接口调用是免费的，或者是固定价格。

在平台领域，尽管我所定义的每一个人工智能平台类别之间都有一些重叠，例如，IBM 公司可以很容易地适合所有类别，但这确实为你提供了一个有用的框架，来选择可能最适合你的人工智能战略的一个（或几个）平台。

3. 构建定制的人工智能应用程序

构建定制的人工智能应用程序，将为你提供最大程度的灵活性和控制，然而你不太可能会希望在确定的所有机会中都采取这种方法。定制的人工智能开发，就像定制的信息技术开发一样，可以很好地为你提供所需的东西，但可能会在变更管理和支持方面产生相关问题。因此，对于大多数企业来说，只有在绝对必要的情况下，例如对于有很强的复杂性和非常庞大的数据问题，或者在创造一个全新的、需要技术竞争优势的产品或服务时，才使用定制的人工智能开发（可能有意义的步骤是，使用定制开发来创建初始构建，详见 7.3 节；但随后更好的是转向供应商或平台方法）。

一个定制化的构建还需要花力气去设计和构建人工智能系统的用户界面。这可能是件好事，因为你可以开发出完全适合你的用户的东西，但要把它弄得恰到好处也是个挑战。许多出色的人工智能系统失败的原因就是由于用户界面不够好。

对于定制开发，你需要有自己的高能力水平的数据科学家和开发人员，或者（更有可能）引入已经拥有这些资源的专业人工智能咨询公司。商业模式通常基于时间和原材料，但在明确定义需求的情况下，也可以使用固定价格和风险/回报。

你可能希望将上述所有方法结合起来使用。如果你的人工智能战略是宏伟的并将影响业务的许多领域，那么你可以考虑将人工智能平台作为主要方法，并在适当的地方利用现成的软件包和定制构建。如果你只想瞄准一两个人工智能机会，那么只考虑现成的解决方案可能更有意义。创建全新产品或服务的战略计划可能需要定制开发，以确保它能带来足够的竞争优势。

现在，你已经了解了可使用的（一个或几个）开发方法，是时候真正地构建一些东西了。

## 7.3　创建初始构建

在你的人工智能之旅中，你将有一个按优先级排序的机会列表，每个机会都会对应一个它能带来的预估的价值，以及如何实现它们的想法（构建、购买或基于平台）。在下一阶段，我们需要测试一些假设，并推动项目建立，这意味着我们必须开始建立一些东西。

初始构建阶段的规模在很大程度上取决于你的意图。有 5 种方法是被普遍接受的，每一种方法都专注于满足略有不同的目标。你不需要了解每一种方法的复杂细节（你的内部开发团队或外部合作伙伴会掌握必要的知识），但重要的是你要知道最适合你的项目的方法，这样才不会浪费宝贵的资源和时间。

不同的方法之间有一些重叠，你可以合理地从每一个方法中选择特定的方面。因为这些方法各自侧重于要实现的不同目标，所以你也可以轮流使用这些方法。

1. 概念验证

概念验证（PoC）是一种软件构建方法，一旦被测试的概念经过验证，并能够展示出结果，就可以丢弃它了。它可以是任何规模的，但通常专注于最基本的功能，而忽略任何复杂的问题，如安全问题或流程异常［这被称为"保持顺畅路径（Happy Path）"］。概念验证不会进入实际生产，会使用非实际的"假数据"，它通常是为了测试核心假设（例如，我们可以使用数据集来自动化这个流程），但对于管理利益相关方的期望也是有用的：在早期看到系统的实际情况往往会给整个项目提供额外的动力。

2. 原型设计

原型设计是一个广义的术语，涵盖了特定功能的构建，以测试该功能的可行性。原型可能集中在用户界面（通常称为横向原型）或特定功能、系统需求（纵向原型）。一个项目可能会有许多不同的原型，每个原型测试不同的内容。原型与最终产品相似的情况很少。和概念验证一样，原型一旦完成它们的工作，通常就会被摒弃了，但有些原型可以融入到最终产品中（称为"进化原型"）。相比于一次性的原型，保留原型需要建立更强大的结构，所以要在一开始就决定是否保留原型，这是非常重要的。

3. 最低限度可行性产品

最低限度可行性产品（Minimum Viable Product，MVP）的正确定义是向客户或用户发布包含最低功能级别的构建，这些早期采用者的反馈随后将用于塑造和增强后续版本。不过，MVP 这个词已经成为任何类型的初期构建的统称，因此往往会让人忽略它要实现的目标。对于一个不打算发布的构建，那么最危险假设测试（Riskiest

Assumption Test，RAT）通常是更好的方法。对于一个将要上线的构建，那么通常试运行（Pilot）是比较好的方法。只有在明确了目标之后，最低限度可行性产品才可以在开发周期中占有一席之地。

### 4. 最危险假设测试

最危险假设测试（RAT）是一种相对较新的方法，它只专注于测试需要验证的最危险的假设，这与 MVP 相反，MVP 对其所要达到的目标不那么具体，同样与 MVP 不同的是，RAT 是不打算投入生产的。RAT 将寻求建立尽可能小的实验，来测试你所拥有的最危险的假设。和原型一样（实际上 RAT 是一种特殊类型的原型），为了验证不同的假设，RAT 也会进行许多不同的测试：一旦测试和验证了现在最危险的假设，那么下一个 RAT 将专注于下一个最危险的假设，以此类推。要想理解最危险的假设到底是什么，需要详细地思考一些事情，首先你需要找出到目前为止你所做的所有假设，这些假设必须是真实的，才能让人工智能的机会存在；其次问问自己，这些假设是否基于其他假设？然后试着找出根本假设，再找出其中风险最大的一个假设，最后就是想办法用最少的代码量来测试这个假设。虽然 RAT 不是最简单的方法，但它可以为你的项目带来最好的长期价值。

### 5. 试运行

试运行（Pilot）与 MVP 一样，将在生产环境中使用。与 MVP 不同的是，它应该是完全成型和完整的。因为它专注于自动化的一个过程或活动，且该过程或活动对组织来说是相对较小和低风险的，我们可以认为试运行是一种测试。试运行需要更长的时间来构建，并且比上述任何一个选项的成本都要高，但它的优点是不会"浪费时间和精力"（尽管专注的原型设计很少是浪费时间的）。试运行需要实现 PoC 和 MVP 所期望的所有功能，同时具备完整的功能；因此，需要选择好候选流程，如果它太复杂（例如涉及很多系统或有很多例外的情况），那么构建将花费很长时间（并且花费太多资金），并且会失去关键的动力。一个成功的试运行项目将使项目提升巨大的信心，并带来切实的价值。

就像更广泛的自动化策略一样，当选择最合适的方法进行初始构建时，你要始终记住最终目标是什么：问问自己是否需要构建某些类型的原型（答案很可能是肯定的），以及哪种方法将为你提供最大的成功机会。实施速度和实施成本也将是你选择方法的重要考量因素。虽然作为默认答案，最危险假设测试可能是大多数情况下的最佳方法，但也要请你考虑所有可能的方法。

## 7.4　了解数据训练

人工智能项目通常比"普通"信息技术项目更棘手，其中一个方面是对数据的依赖性，这种挑战在原型设计阶段尤为突出。

虽然为了测试假设，可以削减正在构建的系统的功能性和可用性，但很少能对训练数据做同样的处理。当然，并不是所有的人工智能系统都依赖于大型数据集：认知推理引擎和专家系统需要的就是知识而不是数据，但对于机器学习应用来说，数据的可用性是尤其重要的。

有时很小的子集（数据量）就可以产生一个可行的结果，但有时原型将不得不依赖于几乎所有的数据，而不是一个小的子集，因为数据量过少可能无法保证准确性。例如，如果你的完整数据集包含1000万条记录，那么10%的数据量可能还是可行的，但是如果你的完整数据集只包含10万条记录（数据集太小），那么（当然，这也取决于你打算用它做什么）一个子集可能不会给你任何有意义的结果。

你想创建的模型越复杂（即有许多不同参数的模型），那你需要的训练数据就越多。如果测试集数据量不足，你的人工智能模型可能会受数据科学家所说的过度拟合的影响，也就是算法对数据的拟合度建模太好，而泛化不够（它"记忆"了训练数据，但不从趋势中"学习"来使之普遍化）。要了解你的模型是否表现出过度拟合，并对其进行纠正，你可以利用各种统计方法，例如正则化和交叉验证，但通常其代价是牺牲了功效。

　　你的训练数据中也必须有相当一部分用于测试。这个测试集应该像训练集一样，是"已知"的，也就是说，你应该知道你期望从它那里得到什么输出（例如"这是一张猫的图片"），但你不会向算法透露这些。因为人工智能的输出是概率性的，答案不会总是正确的，所以你需要知道自己对什么程度的置信度到满意。关于你应该保留多少训练数据来做这个测试，是没有硬性规定的，但一般 30% 是一个好的起点，影响需要保留的训练数据的多少还有其他因素，诸如完整数据集的大小、数据的丰富性和得到错误答案的风险性等。

　　可能你无法绕过的一个事实是，为了有效地训练和测试你的原型系统，需要使用几乎所有的可用数据。如果数据的可用性是一个挑战，那么如上一节所述，一个或多个最危险假设测试可能是此时最好的方法。

　　一旦你对原型需要多少数据有了很好的了解，你就可以获取数据、（可能需要）清理数据、（可能需要）标记数据。怎么强调都不为过的是，对人工智能系统将提供的价值来说，数据的质量非常重要。

　　最有可能的情况是，数据将来自你自己的组织内部：客户记录、交易日志、图像库等。你可能还想从外部来源获取数据，例如第 2 章大数据一节中讨论的开源库，这些数据会有现成的标记，但也可能是没有标记的公开的数据集（例如交通流量），在它们成为对你的算法训练有用的数据之前，你需要对它们进行标记。

数据的清洁度或准确性显然会对你的人工智能系统的功效产生影响，计算机领域中的一句谚语"垃圾进，垃圾出"在这里尤其适用。常识和系统测试将决定你的数据是否有足够好的质量来提供有用的结果。

对于需要标记的训练数据，如图像或视频，最有效的方法是通过众包（参见第 4 章，了解众包如何工作）。众包公司，例如众花公司（Crowd Flower），手头有很多人类代理来完成微小的任务：发送数据项给每个人，人类代理简单地给它们打上所需信息的标签（如"这是一张猫的图片""这是一张狗的图片"等等）。然后，会返回给你完整标记的数据集，这样你就可以用它们训练模型了。

众包的一个风险是，人类在做标签时的任何偏见最终都会反映在人工智能模型中。举个比较傻的例子，如果做标签的人类代理都很矮，而他们被要求给人的照片打上是否高大的标签，那么相比预期，被打上"高大"标签的照片可能会占比更多，这种"矮个子偏见"会随之带入模型，并扭曲新的、看不见的数据的结果。不过大多数优秀的众包公司能够确保偏见不会在第一时间进入数据，而且也能纠正任何可能存在的偏见。

另一种相当创新的数据采集和培训方法是使用虚拟世界或计算机游戏来代替"现实生活"。之前我提到过，微软已经创建了一个特定版本的游戏"我的世界（Minecraft）"，它可以用来训练人工智能代理。一些软件公司正在使用像"侠盗猎车手（Grand Theft Auto）"这样的游戏来帮助训练图像识别软件，该软件是他们用于无人驾驶汽车的。所以，与其驱车数小时拍摄许多不同的环境，然后给物体打上标签，不如用极少的时间，在计算机游戏的虚拟世界中完成所有的工作。

所以，随着你的人工智能战略的完成，以及你的第一个构建正在进行中（无论你决定采用哪种方式），现在是时候考虑更长远的问题，以及考虑如何开始将你新发现的人工智能能力产业化了。但是，做这些的前提是你已经充分了解人工智能可能带来的所有风险，以及如何减轻这些风险，这也将是下一章的主题。

## 7.5　人工智能顾问的视角

物质与意识公司（Matter and Sensai.ai）是一家人工智能战略和原型设计咨询公司，以下是我（AB）对其联合创始人杰拉德·弗里斯（Gerard Frith，GF）的采访节选。

AB：最初是什么原因让你进入人工智能世界的？

GF：我从小就对心灵精神着迷。在我十几岁的时候，我就开始读荣格（Jung）和弗洛伊德（Freud）的书，到了 18 岁的时候，我开始读戈德尔·埃舍尔·巴赫（Godel Escher Bach）的书。起初在大学里我学的是心理学，但在大学第一年，最吸引我注意的是认知科学模块，我开始迷恋上了它！ 1991 年，在大一结束时，我决定重新开始，于是改报了人工智能学位。

当我完成学位后，发现世界上其他国家对人工智能的兴趣反而不如我。在 20 世纪 90 年代的人工智能寒冬中，我大多时候只能假装我的学位是计算机科学学位（当时这是一个稀有的专业），以保护我的职业生涯不受打击。

在 2013 年，世界其他地方终于开始关注人工智能了。至此我才成立马特（Matter）人工智能公司，它是世界上最早的人工智能咨询公司之一。不过，在 2016 年底，我卖掉了它。

我目前的主要关注点是利用人工智能创造更美好、更深层次的客户关系。

AB：你认为现在人们为什么如此谈论人工智能？

GF：有两个关键原因：首先，由于数字时代成倍吐出的海量数据，以及现有的进步巨大的处理能力，人工智能技术已经成为实际有用的技术。人工智能的理论进步是几年，甚至几十年前发展起来的，而这些进步支撑了当今业务中使用的许多技术。

第二个原因是，一直以来人工智能都是令人兴奋又令人害怕、令人不安又令人感到充满挑战的，这是其他任何技术都没有或不可能做到的。如果去掉那些关于人工智能的令人无语的讨论，诸如它将如何夺走我们所有工作岗位这种厥词，那么你看到的就是对这项颠覆性技术的一个相当合适的评价。

创造真正的人工智能可以说是历史上最重要的科学成就，它也有潜力成为最重要的社会和精神成就之一。

AB：客户从你们的服务中获得了什么价值？

GF：我的客户说，他们在与我们的合作中得到了三个主要的东西。

第一个是专家指导，我做过开发人员、首席执行官（CEO）和管理顾问，所以我了解技术、了解市场、了解公司想要成功所需要的东西。

第二个是创新，作为一个颠覆者，我喜欢挑战当前的平衡，并带入新的思维，让企业重塑他们的价值主张和将其提供给市场的方式。

第三个是方法，由于经验丰富，我可以成为将技术和商业战略结合在一起的黏合剂，并提供执行这些战略的有效方法。

AB：如果客户或潜在客户需要从人工智能中获得最大价值，他们需要关注什么？

GF：他们在评估新技术时，应该始终关注的事情是：我如何利用这项技术为客户创造更大的价值？这能给我带来什么竞争优势？最关键的一点是要快速行动，颠覆者或创新者越来越容易以较少的资本快速改变行业动态。同时，也要把人工智能当成早期阶段的技术，在实验中投入种子资本，尽快让这些实验快速上线，然后进行更新迭代。

AB：你认为目前的炒作会是可持续的吗？

GF：炒作不会是持续性的。我们这个生物追求新奇，这使得炒作和低调会不可避免地循环着。话虽如此，但我确实相信，人工智能值得被冠以"第四次工业革命"这样的标签，与前三次工业革命不同，人工智能技术的发展对工业的总体影响，节奏更快，就像互联网的影响比电视的影响快，道路的影响比印刷机的影响快，这是一个道理。

不过除了它巨大的（但正常的）经济影响，我认为它实际上会改变人类的一切，在影响人类如何思考自己的层面上，它与其他任何技术都不一样。目前，尽管表面上神经科学的教授认为头脑不过是一台复杂的计算机，但下意识地，他们仍坚持人类有自由意志和"灵魂"的想法。人工智能将以相当新的、可怕的方式挑战这些想法。

AB：你认为未来几年的市场会如何发展？

GF：未来几年将是非常具有探索性的。人工智能是一种通用技术，会同时向多个方向推进。我们看到每周都会有新的产品出现，覆盖了大量的使用案例，然而即使是最大的科技公司，也只覆盖了相对较小的领域。公司将需要考虑将一系列在本行业领先的供应商结合在一起。

我们无疑会看到很多收购，但因为科技公司专注于抢占地盘，所有这些并购只是缓慢的整合。我们也会开始看到软件开始接管一些行业，例如法律界。总体来说，在行业纵向流程上使用的大数据，已扩展到横向的新流程上，这使得各行业交织在一起，行业界限模糊。

# 第 **8** 章

## 人工智能面对的挑战

### 8.1 引言

在关注人工智能的收益的同时，也要考虑人工智能的风险，这是非常重要的。在本书中，我谈到了在实施人工智能时需要面对的一些特殊的挑战，为了确保它们得到必要的关注，我把这些挑战放到这一章来单独描述。

本章我会试图涵盖"本地化"的（特定于某个公司的）挑战——任何公司在实施人工智能时都必须考虑的问题，以及将影响我们的工作方式和生活方式的更普遍的挑战。

### 8.2 劣质数据的挑战

传统上，我们用"4C"来衡量数据质量：Clean 是指清洁性，Correct 是指正确性，Consistent 是指一致性，Complete 是指完整性。但在人工智能和大数据的世界里，需要不同的规则来指导大家，可以认为，数据真实性（数据准确性）和数据保真度构成了数据质量（数据的质量取决于它是如何被使用的）。

在大数据的世界里，因为任何微小的错误会淹没在大量正确的数据中，所以数据的真实性并不是那么重要。从算法中创建的模型将关注整体趋势和适用性，因此一些异常值不会对结果产生重大影响（如果数据中存在基本的错误，例如每个数据点上的小数点都差一位，那么当然会有实质性的影响，但在本节中，只考虑数据质量中的小问题）。

无论数据是否用于人工智能，在数据真实的条件下，总要在准确性和成本之间取得平衡。取得平衡的诀窍是要把握好什么水平的准确性才是"足够好"的。在人工智能应用中，由于广义建模效应（有良好的精度和泛化能力），数据准确性这个门槛通常比传统计算应用程序要低。

另一方面，数据保真度会对结果产生严重影响，这就是说数据不适合人工智能所设定的任务。在第 5 章中，我写了一个达勒姆警察局利用人工智能来预测被指控犯有刑事罪的人再次犯罪的例子。我注意到，用于预测的数据仅来自该地区本身，排除了被调查者可能在达勒姆郡以外参与的任何相关犯罪活动。因此，如果一个来自利兹的职业罪犯（就在离达勒姆不远处 A 1 主干道）刚刚在达勒姆犯下了他的第一个罪行，警察局会认为他是低风险的，可能会被允许走出警察局。在这种情况下，人工智能系统使用的数据是正确的，但并不完全合适。

如果源数据中包含无意识的倾向或偏见，那么它也是不合适的，这是人工智能系统的一个特殊问题，将在本章后面的章节中详细介绍。

与数据质量相关的问题是，是否数据越多意味着更好的结果？通常，对于机器学习应用来说，这是正确的；然而也需要考虑一些微妙细小的地方。对此有两种几乎相互冲突的观点。

第一种称为"高方差"，是指模型对于数据量来说太过复杂，例如，与数据量的大小相比，有太多的特征存在，这可能会导致所谓的过度拟合，并导致返回虚假的结果。在这种情况下，数据科学家可以减少特征的数量，但最好的解决方案，也是最符合常识的解决方案，就是给模型更多的数据。

另外一种是相反的情况，称为"高偏差"，即模型过于简单，无法提供有意义的结果。添加更多的数据到数据训练集是不会给结果带来任何改善的，在这种情况下，增加更多的特征，或者使现有的数据在真实性和保真度上都有更高的质量（如清洗数据和去除异常值），才是改善结果的最有效方法。

一般来说，数据科学家的作用是确保数据量足够大、足够相关、足够适合当前的问题。虽然上面我提到的警察例子相对简单，但数据科学的某些方面看起来更像是一门艺术而不是科学。在大多数情况下，没有明确的"对"和"错"的答案：数据科学家必须利用创造力和推理能力来判定数据的最佳来源和最佳组合。最好的数据科学家的这种特殊技能，是目前他们可以有如此高的报酬的原因之一。

一旦确定了数据质量差是一个问题，我们就会用许多方法来尝试修复（或增强）它。其中一些方法可以是传统的数据清洗方法：通过数据分析，找出异常的制约因素，然后使用工作流程系统来纠正它们。

我在第 4 章中介绍过的众包（Crowd Sourcing）也可以作为一种低成本的方法来清理或增强数据集，特别是在确保训练数据集的标签正确性方面。众包通常把任务分割成一个个小单元，分配给一个分工合作的人类团队，由他们依次处理每一个任务。

在没有大型企业的工作流程系统的地方，机器人流程自动化（RPA）也可以成为一个有用的工具来帮助清理数据。这需要配置机器人来识别所有他们需要寻找的限制因素，一旦它们找到了数据的错误，就可以与其他系统验证这些错误，以确定正确的答案，然后进行修正。因为 RPA 相对容易配置，它可以成为"一次性"清洗数据的良好解决方案；当然，RPA 也可以与众包结合使用。

有一点讽刺的是，人工智能系统本身也可以用来为它自己清理数据。现在，一些人工智能供应商已经有了一些解决方案，包括领域标准化（例如使两个不同的数据集一致）、本体映射（例如提取产品特征）、去重复化（例如删除具有相同内容的条目）和内容一致化（例如识别和匹配缩写形式）。一般来说，它们的工作原理是利用机器学习来分析数据模型的结构，然后确定这样的模型可能会产生什么样的错误。

在人工智能应用的另一个领域里，使用生成式对抗网络（GAN）可以提高数据质量，甚至生成新数据。这就是利用一个人工智能系统判断另一个系统的输出。例如，初始的人工智能可以生成一张它认为是猫的图片，然后，第二个系统会尝试找出图片的内容，并评估这张图片与猫的相似程度，进而用来指导第一个系统再次尝试并创建一个更好的图片。GAN 是相对比较新的领域，这种方法还处于实验阶段，所以我将把关于它如何工作的详细描述留到最后一章的关于人工智能未来的篇幅中。

从本书的大部分内容中，你应该可以清楚地看到人工智能（在大多数情况下）是以数据为基础的：如果没有数据，人工智能可以增加的价值就很少。但是，正如我们在本节中所看到的那样，更多的数据并不总是意味着更好的结果（尤其是在高偏差的模型场景下）。这不仅仅是数据量的问题，而是数据质量的问题。数据的真实性和保真度会对结果的表现和效果产生巨大影响。因此，任何依赖于数据的人工智能项目都必须进行仔细的规划，确保数据量和数据的复杂程度适合所要解决的问题。

## 8.3　了解缺乏透明度

　　之所以称机器学习为机器学习，很明显是因为机器或计算机在进行学习。计算机在"编程"预测模型的过程中做了所有艰苦的工作。计算机所需要的就是训练数据：把数据输入给它，它就会生成预测模型。人类（数据科学家）首先要选择正确的算法，并确保数据是合适的和干净的（见 8.2 节），但创建模型基本上是机器所做的工作。

　　我反复说的这一点很重要，机器学习的本质内在因素，也是其最大的缺点之一：缺乏透明度。例如，在一个训练有素的人工智能系统中，我可以要求它做出批准一个信用贷款的决定，或者推荐一个候选人是否入围某项工作，但我很难知道它是如何实现的。在这些例子中，模型会考虑该客户或该候选人的许多不同特征，并根据训练集的许多不同特征确定答案：是或不是。但是，哪些特征在这个决定中是有影响的，哪些特征是无关紧要的？我们永远不会真正知道。这就像我们试图从煎蛋中再造一个鸡蛋一样难以实现。

　　如果你需要向该候选人解释为什么他们没有入围，或者需要向该客户解释为什么没有批准他的贷款，这可能就会是一个问题。尤其是如果你是在一个受监管的行业，你会被要求提供这些答案。

　　解决人工智能不透明的问题一般有三种方法：第一种是一开始就不使用机器学习，在第 3 章关于优化能力的部分，我介绍了专家系统和认知推理系统，它们是人工智能的独特部分，其工作原理是由人类相关主题专家创建原始模型，而不是使用数据创建模型（出于这个原因，一些人工智能专家声称不应该描述专家系统为人工智能）。由这些方法创建的"知识图谱"可以由人或通过聊天机器人进行询问，以获取信息。在一些更先进的系统中，通过使用应用于图谱上的每个节点和连接点的指定权重，可以自动进行查询。

这都意味着，最后出来的决策可以通过图谱进行追溯，这使得该决策完全可以经得住审计。所以，用我上面的一个例子，就可以追溯信贷申请失败的情况，例如，75% 的决策是由于工资，40% 是由于地域，23% 是由于年龄，等等。而且，原始模型一旦设计好了，假设流程不改变，它的决策就会保持一致。

使用专家系统的挑战是，它们可能会很快变得非常复杂，系统的特征越多，模型的定义就越复杂。如果过程确实发生了变化，那么模型也必须改变以反映这些变化，而这可能是一项耗时费力的任务。

对于解决简单问题的另一种方法是使用自学习决策树，通常称为分类和回归树（Classification And Regression Trees，CART）。根据一组输入数据，这些分类和回归树算法会创建一棵决策树，然后可以通过询问来了解哪些特征的影响最大。一般来说，分类和回归树算法能在有效性和透明度之间提供最佳的平衡。

对于具有大量数据和许多特征的复杂系统，选择"集合"方法是更好的途径，可以调用许多不同的算法来寻找最受欢迎的答案（随机森林是最常见的集合方法），但该方法面临着透明度的挑战。解决这个问题最常见的方法是通过每次只改变一个变量来尝试逆向工程决策。回到客户贷款被拒绝的问题，我们可以重复他的案例，但要改变他输入系统的每一个特征（他的工资、地域、年龄等）。这种试错的方法将能够表明（但不一定能找出）哪些特征对批准贷款的决策影响最大。

对于许多特征，这种方法的问题是这可能是一个漫长的过程。但我们可以对一些测试案例进行分析，通过测试案例演示并找到要做出决策的点，这个好方法避免了去分析每一个被拒绝贷款的案例。例如，"模型案例"可以证明，在其他条件相同的情况下，年龄是如何影响决策过程的。但是，你可能需要对很多不同的模型案例进行分析，因为在不同的地域或不同的工资水平下，年龄的影响可能不同。而且，如果系统在运行过程中自我学习，那么测试模型就需要定期更新。

所需的测试水平将非常依赖于所要解决的问题类型。问题越敏感（例如医疗成像），越需要更加完善的测试以确保其正确性。

一个刚刚被拒绝贷款的不满客户，可能会对做出该决策的"逻辑"的演示感到满意，但这能让行业监管者满意吗？虽然对于监管机构来说，不同案例对测试都有不同的要求，但能够展示一个经过全面测试的系统以及不同特征对决策的影响，才能满意。

在法律部门，使用电子探索（e-Discovery）软件自动处理成千上万甚至数百万份文件，以识别诉讼案件中的相关文件或特权文件（被特许要保密的文件），使用该软件的律师事务所必须能够证明该解决方案的稳健性，并证明在每个阶段都使用了适当的程序。一旦法院确信是这样的，那么分析的结果就可以作为有效的证据。

人工智能是一项新型的、快速发展的技术，监管机构的应对方法一般比较缓慢，而且考虑的比较多，所以需要时间去追赶。我们先把欺诈风险放在一边，一旦社会更普遍地接受人工智能，那么客户甚至监管机构可能会对透明度问题采取更宽松的态度。而在这个阶段之前，采用人工智能的公司则需要确保他们有答案来回答监管机构提出的透明度问题。

## 8.4　数据偏见的挑战

关于人工智能系统，一个常见谬误是它们天生是无偏见的：作为机器，它们肯定不会受像人类一样的情感影响，从而在决策中产生不管是有意的还是无意的偏见。但这只是一个谬论，问题的核心在于，用于训练人工智能的数据可能已经有了这些偏见。如果你使用有偏见的数据来训练人工智能，那么这个人工智能就会把这些偏见反射回来。而且，由于模型是不透明的，还无法进行追溯问询（正如我们在上一节中讨论的那样），所以很难发现这些偏见。

　　这里有一个简化的例子来展示这个问题。在招聘中，人工智能可以用来根据简历（curriculum vitae 或 résumé）筛选候选人，我们会通过输入许多简历来训练人工智能系统，根据每一份简历当时是否得到了所申请的工作，给他们贴上"成功"或"不成功"的标签。然后，人工智能可以建立一个关于成功简历是什么样子的概括画像，用这个画像来筛选提交的任何新的候选人简历。当候选人简历和"成功"模型之间的匹配度足够接近时，就意味着该简历可以进入下一轮。

　　但是，在训练集中的那些候选人是如何获得工作的呢？人类的评估是带着我们所有有意识和潜意识的偏见的，如果人类招聘人员倾向于拒绝年龄较大的候选人（即使他们没有意识到自己正在这样做），那么这种偏见就会流向人工智能模型里面。

　　那么，如何确保训练集中没有偏见呢？第一个答案是尽量使用尽可能广泛的样本。在我上面的例子中，用来培训的简历应该尽量来自很多不同的招聘单位，最好是那些能在性别、种族、年龄等方面尽可能保持中立的招聘单位（就像民意调查公司尽量使用有代表性的人口样本一样）。

　　实际情况可能并不总是这样，特别是如果数据来自你自己的公司而且是你所拥有的。但即使是公开的数据集也容易出现偏差。例如一些用于面部识别训练的数据集中没有足够的具有某种特征的代表性样本，就意味着使用该数据训练的人工智能可能难以识别。随着公共数据集中的偏见被发掘出来，它们正在慢慢得到修复（甚至有一个算法正义联盟来揭示这类不良的偏见），所以人工智能开发人员应该尤其认识到他们使用的任何公共数据的问题。

在上述任何一种情况下，如果数据中可能存在偏差，就需要尝试着进行偏差测试这一环节。就像在上一节，我们研究了测试决策中的不同影响因素一样，只要我们知道什么是"正确"的，也就是无偏见的答案，我们就同样可以测试出是什么特定特征上的影响导致产生了偏见。

在招聘的例子中，我们期望一个无偏见的结果，例如能够表明年龄因素不会影响入围聘用决策。如果能够在数据集中分离出年龄特征，那么我们就可以通过改变模型案例中的年龄来检验它是否确实对结果有影响。与透明性测试一样，这需要在一系列样本中进行（例如，仅仅是男性，仅仅是女性），以确保年龄对任何特定群体都没有影响。

假设已经检测到存在着某种程度的偏见，下一个问题是如何处理它。找到偏见的类型（如年龄、性别）能很快帮助识别训练集中任何可能导致偏见的数据组（例如，可能有一个子集的数据是来自一组特别年轻的应聘人员）。然后就可以排除或改变这些输入数据，以消除该偏见的来源。

还可以通过改变不同项之间的相对权重来调整模型。如果我的例子中的培训简历显示经理（角色）和男性（性别）之间有很强的相关性，那么可以调整"经理"这样的中性词和"男性"这样的性别化词之间的数学关系。这个过程叫作去偏差化，它是有实质意义的，通常需要人类来识别合适和不合适的词，这其实是可以做到无偏见的。

需要记住的一点是，并不是所有的偏见都一定是不好的。在有些情况下，固有的偏见是很重要的，其后果也证明了手段的正当性和合理性，例如在识别欺诈者的时候。很明显，在代表真相、偏见和改变数据以代表公认的社会地位之间，存在着微妙的平衡。此外，在更简单的层面上，如果人工智能要正常工作的话，它将需要理解可能有偏见的领域中的特定定义，例如国王和王后之间的区别。

在很大程度上，我们仍在进行消除人工智能的数据偏见的工作，并且在有特定后果的情况下必须仔细考虑这件事情。目前，使用公开的数据集并不能确保中立性，如果使用来自你自己组织的数据，那么去偏见变得尤为重要，因此必须将其纳入人工智能发展路线图中。

## 8.5　理解人工智能的"天真"

法国哲学家伏尔泰（Voltaire）曾说过一句名言：应该根据一个人提出的问题来判断他，而不是根据他给出的答案来判断。这句话用在人类身上是非常明智的，但对于人工智能来说：机器不需要首先知道问题是什么，就能给出一个令人信服的答案。

这就是我在第 3 章中介绍的聚类背后的整个想法。你可以将大量的数据提交给一个合适的算法，它将找到相似数据点的聚类。这些聚类可能取决于许多不同的特征，在某些情况下，聚类可能取决于数百个特征。人工智能提供的数学能力超出了人类大脑发现这些群 / 簇的能力。

但这些聚类不是（或者更准确地说，不必是）基于任何预先确定的想法或问题，算法只会把信息当作大量的数字来处理，而不会关心这数据是代表汽车、房屋、动物还是人。但是，虽然这种数据的"天真"本性是人工智能的优势之一，但也可以认为这是一个缺陷。

对于大数据聚类解决方案来说，算法可能会在数据中找到相关但不是因果关系的模式。在第 3 章的聚类部分，我举了一个比较奇特的例子，人工智能系统找到了眼睛颜色和购买酸奶倾向之间的相关性，然后人类发现这是一种不太可能有意义的相关性，所以机器对这种程度的洞察力是会很幼稚的。

人工智能也可能会发现与社会规范或社会期望不一致的模式。我在上一节已经写过关于这种意外的偏见带来的挑战，但在这种情况下，算法还是可能"天真"地暴露出来这种"纯事实数据"的尴尬关联。对于那些负责该算法的人来说，面临的挑战是。这究竟是一种巧合，还是实际上存在一种不得不面对的因果关系？所以，我们必须根据具体情况，并以充分的敏感性来判断怎么处理这类问题。

还有一个臭名昭著的例子，就是微软的 tweetbot（自动推特账号）变成了一个爱好色情的人设。他们原本打算让 Tay（他们对这个机器人的称呼）通过推文扮演一个"无忧无虑的少年"的角色，通过与其他推特（Twitter）用户的互动来学习如何表现行为。但它很快就变得非常讨厌，因为人类用户向它输入了色情内容，然后它就从中学习，并适时地重复返给其他用户。Tay，作为一个"天真"的人工智能，简单地认为这是"正常"行为。最后它只与用户互动了几个小时，微软就被迫将这个尴尬的推特机器人下线了。

关于人工智能的"天真"特性，一个有用的思考方式是考虑狗狗是如何学习的。像所有其他的狗一样，我自己的狗狗 Benji 很喜欢去散步，我之所以知道它的这个喜好，是因它会在出现要带它散步第一个迹象时变得兴奋，这些迹象包括我锁上后门和穿上鞋子。事实上，Benji 不知道"锁后门"或"穿鞋"是什么概念，但它知道，当这两件事接连发生时，我就很有可能带它去散步。换句话说，它对前面的事件意味着什么完全是天真无知的：这两件事对它来说只是刺激（关键数据）点，但它能把二者关联成一个可能的结果。

狗和人工智能的类比相当有用，可以进一步延伸：如果我的狗狗很懒，当它看到我锁了后门，又穿上了跑鞋，就会躲起来，以确保我不会把它带走散步。在这个场景中，它这次是用增加的细化的信息来得出结果：不仅仅是"鞋子"，而是"鞋子的类型"。当然，它不知道我的跑鞋是专门为跑步设计的，只是知道这双跑鞋和我的步行鞋有足够的不同，可能是颜色或款式不同、气味不同、存放的地方不同，等等。这就证明了我在前一节讨论的不透明问题。我并不知道（除非我做了一些非常彻底的对照测试）鞋子的什么方面将结果从"很好，去散步"切换到"躲起来，他要去跑步"，但很明显，鞋子确实有二元影响。应该指出的是，狗和人工智能的类比也有其局限性。Benji 还有很多其他的基本认知能力，例如它在不知道时间的情况下知道什么时候该吃晚饭。但由于人工智能目前的能力非常专有化，一个能预测散步的人工智能是无法预测晚饭时间的。

所以，人工智能系统的"天真"特性确实会让它的使用者感到头疼。我只想说，要想聚类的成果充分发挥其价值，就必须谨慎而明智地使用聚类。数据科学家和人工智能开发人员必须意识到他们的创造所带来的后果，同时将大量的常识应用于输出，以确保这些输出在预期的情况下是有意义的。

## 8.6　过度依赖人工智能

从本书提供的许多例子中，你可以看到人工智能可以实现一些了不起的事情，特别是在执行人类不可能完成的任务时，例如在包含数百万个数据点的数据库中检测出一群志同道合的客户（或欺诈者）。

当公司过度依赖这些系统来开展业务时，就可能会出现问题。如果只有通过非常复杂的人工智能算法，才能识别出你最好的客户或试图欺骗你的人，那么当这些系统停止有效工作时，就会存在风险，或者更糟糕的是，在你没有意识到的情况下，系统停止了有效工作。

这一切都归结于所要解决的问题的复杂性，然而人们对这些问题的真正工作原理了解甚少，我已经谈到过在人工智能如何做出决策上是很不透明的。对于非常复杂的算法（一个人工智能解决方案通常包含许多不同类型的算法，所有的算法都串联在一起），只有少数人，如人工智能开发人员和数据科学家，才能在第一时间了解这些算法是如何设计和构建的，对企业来说，依赖少数人（非常需求的）显然是一种风险。这就像传统的信息技术领域，核心的传统系统是由一个开发人员用一种晦涩的语言手工编码而成的，而这个开发人员随时都有可能离开公司，风险由此可见。如果人工智能系统是由第三方构建的，外包人员不一定会像公司员工那样对客户长期负责，那么这种依赖的风险就会进一步加剧。

不过也会有一些措施来缓解风险，其中大部分措施类似于对定制遗留系统编码员所采取的方法：确保这些编码员已经记录了他们所做的一切，并激励他们留下来帮助支持系统。如果他们不会在这里待很久，那么就确保有一个强有力的继任者计划来预防风险。

对于第三方来说，我们可以通过合同义务施加更多的压力，以使解决方案得到充分的记录，但最重要的是首先要选择合适的供应商，我会在第 9 章中详细讨论这一点。在那一章中，我还会介绍关于建立一个卓越中心（Center of Excellence，CoE）的内容，该中心将成为必要技能和文档的"监护人"，以便在未来维护和改进人工智能解决方案。

有一个需要牢记的因素是：当试图解决复杂问题时，很难知道系统是否提供了一个正确的或者说合理的答案。对于一些人工智能解决方案，例如情感分析测量，我们可以用人类认为合理的正确答案来测试机器的输出，例如，机器说一句"我对我所接受的服务非常不满意"，人类会同意这个句子是以"负面"情绪为主的。如果能评估（通常情况下）大量的句子，就可以进行样本测试。但对于复杂问题，如金融交易工具或药物设计，我们几乎不可能判断机器是否做出了正确的决定。虽然我们可以查看最终的结果（日终交易收盘价格，或者药物的疗效），但我们无法确定这是否是最好的结果，因为也许还可以获得更多的利润，或者设计出更好的药物。

对人工智能过度依赖还有一个更具哲学的风险：随着人工智能在生活中越来越普遍，我们最终会失去完成最简单的认知任务的能力，因为我们不再练习这些技能。例如，我们对智能手机的依赖侵蚀了我们记住人名和电话号码的能力，我们对卫星导航的依赖侵蚀了我们阅读地图的能力。

随着人工智能能力的增强，它们必然会影响我们更多的认知技能。有些人可能会说这不一定是坏事，但所有这些技能是我们在千年万年的时间里，为了特定的目的开发的，如果没有这些技能的帮助，我们很快就会暴露在社会和大自然中，变得脆弱起来。

但是回到更实际的基础上，随着时间的推移，人工智能技能将变得更加商品化（就像过去二十年的 HTML 开发技能一样），对高技能人工智能开发人员和数据科学家的依赖问题将逐渐消退。但就目前而言，一旦我们明确了人工智能的解决方案会超越现成的或简单的平台方法，那么过度依赖开发人员和数学科学家的风险就应该纳入到人工智能战略中。

## 8.7　选择错误的技术

人工智能领域发展非常迅速：我们认为一年内不可能实现的事

情，实际很快就可以解决。我在第 2 章中描述的所有人工智能的驱动因素都在不断完善，更有影响力：大数据数量越来越多，存储越来越便宜，处理器越来越快，设备之间的连接现在几乎是无限的。那么，如果明天有更好的东西出现，你该如何选择今天的方法和技术呢？（顺便说一句，对于苹果产品的用户，每当他们想要升级设备时，都会面临这个难题）。

人工智能的局限性之一是每个应用只能做好一件事，这实际上是一个优势。如果一个人工智能解决方案是由许多不同的能力建立起来的（根据人工智能框架），那么每一个单独的能力都可以用一个更新、更好的方法来替换。用一个聊天机器人解决方案取代另一个聊天机器人解决方案不一定会影响你已经建立的任何优化能力。你仍然需要训练新的人工智能，但不一定要放弃整个解决方案。

举例来说，假设你正在使用一个人工智能平台来提供需要的所有人工智能能力，如果这时候其他平台的一个供应商提供了更好的人工智能能力，例如文本转换成语音，那么你将当前的应用程序接口连接切换到新的应用程序接口连接就不是太大的挑战（当然，有些供应商会试图通过合同手段甚至狡猾的销售技巧将你锁定在他们的平台上，所以你在选择方法和供应商时需要注意这一点）。

当然，如果你有投入更大的投资，将需要做更高水平的尽职调查。比如你投入数百万美元在基于供应商的人工智能解决方案中，如果不进行充分的调查和评估，可能难有退路，在成功之前只能硬着头皮上，这对于任何大型信息技术投资来说都是如此。

如果有一个根本性的新方法可用，这将变得更具挑战性。在机器学习刚刚出现的时候，专家系统的老用户会带着一些羡慕的眼光去看待它。但如果我们假设，机器学习（以及所有相关的方法，如深度神经网络）将很有可能在很长一段时间内成为人工智能的基本核心技术，那么它应该是一个相对安全的策略基础（唯一可能会对机器学习产生实质性影响的技术是量子计算，但这在很大程度上仍在实验室中，它需要几十年的时间才能实现实际的日常应用）。

当你使用一种特定的人工智能技术时，可能更大的问题是你需要保留开发和支持它的技能。一般来说，个别开发人员会是某一特定工具或平台的专家，因此改变工具可能意味着改变开发人员。如果这些资源是通过咨询公司或实施伙伴购买的，那么你只需要确保该公司具有所有你可能需要的相关工具和平台的能力（我在第 9 章的供应商选择部分会更详细地介绍这一点）。如果你已经开始围绕特定的技术建立卓越中心，那么你可能需要仔细考虑是否值得做出这种改变。

## 8.8 防范恶意行为

伴随着巨大的能量的是巨大的责任。我在本书中讨论的所有能力都显示了人工智能能够带来的宏伟收益，但这种能力也可能被用于作恶。

例如，人工智能聚类能力可以识别可能购买某种产品的客户，也可以用来识别哪些人是理想的欺诈目标，尤其是它在与其他数据源进行三角分析的情况下。犯罪的人工智能系统通常只会获得公开可用的数据（这些数据总是比你想象的更详细），但正如在众多大规模黑客攻击事件中所呈现的那样，它们也可以获取更私密的数据。

2017 年初，一些银行为他们的在线服务推出了语音密码：客户只需要对系统进行语音训练，然后说"我的声音就是我的密码"就可以登录。但几个月内就证明了这种方法可以利用用户的声音摹本进行欺骗，英国广播公司（BBC）在一个例子中展示了一个主持人的非同卵双胞胎兄弟是如何登录他的账户的。现在令人担心的事情是，人工智能驱动的语音克隆技术将能够完成同样的工作。人工智能也会需要语音样本进行训练，而这些样本都是社交媒体上常见的，如果你是一个名人，那么你的语音就更可以被轻易地获得。目前已经有一款商业化的移动应用甜甜声音（CandyVoice），号称可以克隆语音。

语音克隆技术不仅仅可以愚弄银行系统，还可能利用某个人的声音对其家人、朋友或老板进行欺诈。

同样，图像识别也可以用来破解验证码，如当你试图在某些网站上付款时出现的小图像，只有用键盘输入照片中的数字，或者识别那些图片，例如说中间有汽车，你才能继续下一步操作。这些都是为了避免软件机器人恶意操作，但现在人工智能图像识别已经可以破解这些，技术迭代后的验证码改为需要输入正确的答案，但这仍难以完全防住人工智能，防护技术之路漫漫。

我们过去看到的在线犯罪行为与现在所看到的不同之处是人工智能的可扩展性。语音识别和图像识别可以在大批量和低成本的情况下进行，哪怕只有很小一部分通过了验证，那么犯罪分子就会成功。这和垃圾邮件发送者利用的数字游戏是一样的。

人工智能还可以用来对人们的行为进行社会工程化处理。在英国的某个政治运动中，就有人通过针对人们的社交媒体账户提供相关信息，用软件"机器人"来影响人们的观点。社交媒体公司已经使用人工智能来改变一个人的社交媒体信息源中的文章顺序，让最"相关"的文章出现在顶部。外部公司利用一个人的在线行为来预测他们的投票倾向，然后试图通过有针对性的文章和推文来强化或改变这种倾向。如果把这种做法延伸到比投票更不道德的行为，也是有可能的，特别是发帖的账户冒充他人的情况。

通过训练人工智能系统做不好的事会助长恶意行为，可能会通过秘密地输入"劣质数据"到训练集中，来改变人工智能的学习行为。一些恶意公司为了增加他们在搜索结果中的排名而设立假网站，所以大型搜索引擎必须不断地防范这些公司的攻击。

在前面关于人工智能系统的天真性问题的部分，我写过微软的推特机器人 Tay。Tay 并不了解它所接受的"数据"是龌龊的，但微软显然没有想到用户会故意破坏它的创作。虽然 Tay 是一个略带滑稽的例子（当然，如果你在微软工作，就不这么认为），但它确实揭示了人工智能是如何很快被劣质的数据所影响的。这种情况推演人工智能控制着与客户的数百万次互动，甚至是金融交易的互动，就可以看到由此带来的潜在风险。

我上面描述的行为类型，其解决方法是多种多样的，而且通常技术性很强（除了保险防损，这是理所当然的）。语音识别开发中会包括有固有部分，来确保你的语音识别应用不成为语音克隆的受害者。对于 Captchas，需要定期对其进行更新，以确保部署了最新的技术。为了阻止劣质数据进入，你需要采用通常的防御方法来阻止任何人渗透到你的系统中。你所设置的防御水平／等级将取决于数据的敏感性和发生错误的风险。

社交工程的改善难度较大。现在越来越多的人使用社交媒体并信任这些平台，但往往难以辨别其中存在的虚假对话。其缓解措施就是增强意识和教育，就像年轻人（大多数）知道消息对话另一端的人可能在输出虚假内容一样，人们也需要意识到他们聊天对话的另一端可能只是个聊天机器人（在无法确认安全的情况下，更要警惕其输出内容的真实性）。

与所有的网上活动一样，领先犯罪分子一步是最好的选择。人工智能有能力做非常有益的事情，但正如我们在本节中所看到的那样，它也有大规模做坏事的潜力。防治的第一步就是要意识到会出什么问题。

## 8.9    结论

对于希望看到关于人工智能的收益和价值的人来说，可能会对这一章的内容感到惊讶。但是，正如我在一开始所说的，如果不详细说明人工智能如何通过被盗用或被破坏给企业带来风险，那将是我的疏忽。

能够减轻这些风险的最重要的部分是我们要意识到什么可能会出错，所以我特意囊括了这些风险中的一些最糟糕的情况。在防御步骤中，有些是正常的信息技术开发周期的一部分，有些是人工智能开发所特有的，有些则是社会学因素。对于大型、复杂的人工智能项目，你将依赖于战略家、开发人员、安全专家、数据科学家和社会学家，以确保你的应用程序不会被滥用或不会有不必要的风险。

在第 10 章，也就是最后一章中，我将围绕人工智能的影响展开更多的哲学辩论，包括它如何影响工作，以及当（如果有一天）人工智能变得比我们更聪明时会发生什么大问题。

但是，在这之前，我们需要研究如何将你的人工智能工作和项目产业化，并嵌入到你的业务中，使它们能够长期提供可持续的收益。

## 8.10    人工智能伦理学家的观点

萨塔利亚（Satalia）是一家位于伦敦的人工智能开发公司，它有着强烈的道德使命感。以下是我采访该公司 CEO 兼创始人丹尼尔·赫尔姆（Daniel Hulme，DH）的节选。

AB：丹尼尔，先跟我介绍下你的公司萨塔利亚，以及你是如何看待人工智能的？

　　DH：为了利益，无论是为了赚取更多的金钱还是降低成本，企业自然而然地把目光投向了人工智能。萨塔利亚通过提供全栈式人工智能咨询和解决方案来帮助企业做到这一点。但我们更高的目标是"让每个人都能做自己喜欢的工作"。我们认为可以通过建立一个全新的"社会操作系统"来实现这一目标，这个系统能将技术与哲学和心理学和谐统一起来。我们将从为客户开发的解决方案中汲取核心经验，然后将其作为蓝图和工具提供给人们使用，用以改善其业务和生活。萨塔利亚还是全球范围内有决心的人工智能创业公司的代表，目前世界上的人工智能创业公司还远远不够。

　　在萨塔利亚公司内部，我们的员工可以自由地做他们想做的事情，他们自己设定工资、工作时间和休假天数，而且他们没有关键绩效指标的考核。我们将人工智能和组织心理学结合起来，让员工能够从事他们想做的项目，将他们从官僚主义、管理和行政事务中解脱出来，这使他们可以自由地快速创新，这种创新方式在其他地方是几乎找不到的。

　　AB：你能多谈谈你是如何看待人工智能的道德伦理问题的吗？

　　DH：如果我们谈论道德伦理的话，则需要从三种不同的视角来考虑人工智能。

　　第一种是通过一个训练有素但静态的模型来做决定。道德伦理问题是，如果这个模型的行为不符合我们的规范，例如它有某种歧视，那么谁来负责呢？这就是"数据偏见"问题。这与构建可解释算法的巨大挑战有关，我们如何从本质上是黑匣子的模型中获得透明度？现在如果政府为这些事情立法，会不会扼杀创新？或者说，为了保持竞争力，是否应该允许公司随着当前的趋势而"快速发展和打破常规"呢？在这所有的工作中，人工智能开发人员肩负着真正的责任，而且在没有仔细考虑影响的情况下打破常规，并不是最好的前进方式。

第二种是比较通用的人工智能解决方案，将多种类型的人工智能结合成一个不断适应的系统，在生产环境中改变其原有的模型，进行修正和调整。最著名的例子就是无人驾驶汽车的设计者所面临的撞车问题。如果不可避免地即将撞上人，该让系统"决定"撞到孩子还是成年人？如果汽车以不可预知的方式调整模式，"决定"撞上尽可能多的人，该怎么办呢？结果就是，设计者会在汽车的系统内提前设置一个偏好，以使汽车的人工智能系统在事故发生时做出符合道德伦理的决策。

这里还有一个例子：在一栋燃烧的大楼里，有机会救出一个婴儿或者一个装满 100 万英镑的行李箱，你该选择哪个？大多数人的本能反应是救婴儿，但如果你想一想，也许对社会来说，最好的行为是拿手提箱里的钱，因为你可能可以用这笔钱挽救更多婴儿的生命。那么对社会来说，什么才是正确的决定？我们必须开始整理和规范我们的基本道德。

责任也是这些自适应系统的一大挑战。如果一位 CEO 决定让他的公司制造一台人工智能驱动的机器，为人们提供药物，那么如果这台机器因为离开工厂后学到了错误的东西而做出了错误的用药决定，谁来负责呢？答案是，几乎不可能预测这些算法的行为，只须看看2010 年冲击金融市场的闪崩事件就知道了。

第三种是机器变得比人类更聪明的情况，这就是奇点效应（译者注：奇点效应指的是人工智能发展会经历的一个阶段，人工智能的发展达到奇点时，将会出现爆炸式的增长）。我不相信我们能够把道德伦理建立在一台超级智能的机器里（这就涉及人工智能的控制问题），它们必须不断学习。也许，你可以利用博弈论来帮助它学习一些道德伦理。大多数人都知道"囚徒困境":获胜的策略总是"针锋相对",也就是说,遵循对手之前的做法。这种几千年来已经根植于人们心中的伦理方法——"己所不欲勿施于人,己所欲者亦施于人",是超级智能机器可以学习的。

显然,超级智能机器的最大问题是,无论它们有什么计划,都可能不关心对人类的影响,这也许是我们最大的生存风险之一。

AB:确实需要考虑很多不同的道德伦理问题,尤其是在关系到人类未来生存的情况下。

DH:我们可能不会很快看到奇点效应的出现,但我们也要思考人工智能对社会的影响,而且无论是个人还是集体,我们都必须弄清楚如何才能创造一个更好的社会。

# 第 9 章

## 人工智能产业化

## 9.1 引言

本书主要介绍的是如何将人工智能引入到你的业务中，如何在理解和实施原型人工智能能力方面迈出第一步。但在某些时候，你会想要做更多，尤其是当你认为人工智能有潜力改变你的业务时。

到目前为止，你应该已经很好地掌握了不同人工智能能力的概念，也了解了它们在其他企业中的有效应用方式，同时掌握了创建人工智能战略并开始构建人工智能原型的最佳方式，并意识到了其中的一些风险。

本章的内容则是关于如何将这些人工智能知识和能力在企业中产业化，其重点是如何从几个项目发展到一个成熟的系统，以实现企业未来所需的大部分人工智能需求。

在第 6 章中详细讨论的人工智能战略将为你提供一个很好的起点。它应该包括你在人工智能上的宏伟目标，这将决定你想要和需要在产业化道路上走多远。在本章中，我假设至少你想在组织中建立一个永久性的人工智能能力，它能够成为人工智能活动的焦点，并可以催化出新的想法和机会。如果你的雄心壮志不止于此，那么只须适当地调高或调低我的建议。

第 6 章的"了解变革管理"部分提到过，在原型初步成功之后，往往会有一个"低潮期"。要确保早期成功的势头能够转化为持续的成功，需要现在"大干一场"，制订一个强有力的计划将大大有助于实现这一目标。本章将为你的计划奠定基础。

## 9.2　构建人工智能生态系统

你可能已经与一些第三方合作，来帮助制定人工智能战略和构建最初的项目。你可能想与他们其中一些长期合作；另一些可能只是对某项特定任务有用，你将不再需要他们。不过，如果要建立长期的人工智能能力，你就需要开始考虑其中有多少能力将由第三方支持，哪些部分打算在内部建立。

一个有用的方法是将其视为"自动化生态系统"。这可能包括软件供应商、战略家、实施伙伴、变革管理专家和支持团队，其中有些是内部人员，有些是外部人员。有些人在早期可能会发挥更大的作用，而有些人会在一些项目建立后变得更加重要。

如果你计划使用第三方来提供生态系统的任何能力，请注意，有些第三方可能能够提供多种能力，例如，一个项目实施伙伴可能也有变革管理能力。当然，你将自己决定是否使用该供应商提供的这两种功能。我在本章后面的"选择合适的人工智能供应商"一节中会介绍其中的一些微妙之处。

人工智能生态系统如图 9.1 所示。

每一种能力都可以由内部或外部提供。除了软件供应商，图 9.1 中的这些角色可以具体地涵盖人工智能，也可以笼统地涵盖自动化（包括机器人流程自动化等），我将依次介绍这些角色。

**图 9.1　人工智能生态系统**

1. 战略

这个领域涉及你在本书中读到的内容，特别是第 6 章中的那些内容。我作为一个自动化顾问为客户开展的这些活动，涉及制定自动化战略，其中包括成熟度矩阵、热度图、商业案例和路线图。这可能涉及技术方法（供应商、平台或定制），以及与此相关的生态系统方法，还可能包括支持软件供应商和提供其他服务的供应商的选择。最重要的是，战略应该为组织提供思想领导力。

由于人工智能市场非常复杂但相对年轻，能够涵盖业务战略方面和技术方法的顾问非常少，其中一些人（包括我自己）还能够提供原型设计服务。这两种能力之间的联系是相当紧密的，因此，由一个供应商来提供这两种服务可能是有意义的。

虽然大部分的战略工作是在前期进行的，但长期保留战略顾问是非常有益的，这可以确保实现利益和发展内部能力。大多数希望追求以内部能力为主的客户（几乎不依赖外部各方）都会保留一些外部战略的参与，以提供适当的检查和制衡。

2. 原型设计

建立原型、试运行和概念验证需要一个灵活、快捷的方法，与自动化战略的输出密切相关（在某些情况下，可以形成自动化战略的一部分）。在撰写本书时，并没有很多咨询公司专门专注于原型设计，这种能力通常由少数战略顾问或实施提供商提供。

本书第 7 章中主要介绍了这些活动，包括概念验证、最危险假设测试、最低限度可行性产品和试运行的建立。如果你的公司刚刚开始人工智能之旅，那么在公司内部拥有足够的经验和技术资源之前，购买这种能力是有意义的。

3. 人工智能供应商

人工智能供应商可以包括封装软件供应商、平台供应商以及用于创建定制人工智能构建的各种开发工具的供应商，具体取决于你所采取的技术方法。

你可能已经选定了一些平台供应商或者一些开发工具供应商，但无论怎样安排，软件显然是你的自动化生态系统的核心，而且该生态系统的许多其他成员将依赖于这些选择，因此要仔细考虑。

还应该注意的是，一些封装软件供应商会提供自己的实施资源，因为他们还没准备好让第三方合作伙伴来实施。但一些平台供应商（如 IBM），不仅拥有自己的实施服务团队，也欢迎第三方供应商使用它们的平台来提供服务。

无论采取哪种技术方法，你最终很可能会与许多不同的软件供应商建立关系。即使你采用的是基于平台的策略，你也很有可能需要引入其他供应商来补充平台能力的不足。

4. 实施

通常是在成功完成原型设计后，开始引入实施伙伴（除非他们也在进行这些活动）。他们通常关注人工智能能力的产业化，并能提供全方位的开发资源。全球四大咨询公司都可以提供这类服务，当然也有一些较小的竞争对手参与。

你是否需要一个实施伙伴将取决于你对建立内部能力的热衷程

度，以及你是否想快速地达到目的。战略顾问和原型设计合作伙伴可以让你在实现自给自足的道路上走得很远，但如果你想快速发展（或者如果你对建立内部能力没有兴趣），并且有雄厚的资金，那么有一个实施合作伙伴就很有意义。

实施伙伴将能够继续开展在战略和原型阶段就开始的工作，并帮助构建和"植入"这些应用程序。根据他们的能力，他们可以构建更多的应用程序，并提供部分或全部的变更管理要求。

5. 机器人流程自动化和相关技术供应商

正如我在第 4 章详细描述的那样，为了实现全部可用的收益，你很少会把人工智能当成需要部署的唯一技术。你可能还需要引入机器人流程自动化供应商、云供应商、工作流供应商和众包供应商，这取决于你的解决方案的复杂性和你已经拥有的关系（例如，许多关注人工智能的企业已经有了云功能）。有些供应商会和你无论在技术上还是在文化上都合作得更好，所以如果你可以选择的话，一定要考虑这个问题。围绕着你的人工智能供应商构建这些生态圈成员，看看他们之前和谁合作得很好，以及是否可能存在特别的整合挑战。

如果你需要机器人流程自动化供应商，这将是一个重要的选择。一些人工智能供应商与机器人流程自动化供应商有战略关系，一些实施伙伴也可能有他们合作的"首选"机器人流程自动化供应商。在极少数的例子中（到目前为止），软件供应商可以同时提供机器人流程自动化和人工智能功能，更不用说一些供应商还同时提供众包服务。不过一般来说，大多数企业都会为这些关键功能引入不同的供应商。

6. 变革管理

对你的生态系统来说，变革管理是一个重要的能力，在生命周期的早期就应该加以考虑。许多大型组织都能在内部提供一般的变更管理能力，但应该将人工智能项目的具体特征铭记在心，以确定这是否是最合适的方法。

这种能力可以由通用的第三方供应商提供，但那些声称具有人工智能实施的独特经验的供应商通常会更受欢迎（当你有一个现有的、值得信赖的供应商，或你需要一个在你的特定行业有经验的供应商时，则是例外情形）。

7. 支持

这里的支持，我指的是对已开发的人工智能解决方案的持续管理。这可能意味着通过管理底层基础设施和网络来确保应用程序的可用性，或确保应用程序能提供准确和有意义的结果。这也可能意味着对定制或采购的软件进行调试。这些活动中的每一项通常都将由不同的相关方来完成，并且在很大程度上取决于你所采取的技术方法、现有的信息技术政策以及已开发的解决方案的复杂性。

对于基础设施的支持，你可能已经交由外包或云供应商来负责，但如果你决定将其保留在公司内部，你的信息技术团队可能不得不对他们一些不熟悉的技术提供支持，包括通用处理单元（General Processing Unit，GPU）和大型存储阵列的管理。

如果你已经建立了必要的能力，那么你就可以在自动化卓越中心（我在本章后面会介绍）内部管理人工智能应用（除了实际的代码错误）。这很可能涉及招聘人工智能开发人员和数据科学家，但目前这两种人员都不容易找到又很贵，而且专门支持人工智能应用的供应商也非常少，往往都是原型设计公司或实施供应商。所需的技能包括理解业务需求、数据和技术的能力，因此如果你选择的是这一路线，那么找到完美的供应商确实是一个挑战。

如果你采购或定制的软件出现问题，那么通常由软件供应商来解决，这是典型的"第三线"支持，应该包括在贵公司和供应商之间的合同中。

我没有将采购顾问纳入这个生态系统。他们很可能是在采购过程开始时的短期需求，因此不会成为持续能力的一部分。不过，我会在下一节更多地讨论采购顾问的作用。

无论最终你是用这些元素创建一个生态系统，还是把它分成一些小块，考虑我上面提到的所有方面都很重要。你需要有一个强大的选择流程来购买你计划买入的元素，我将在下一节中介绍。

# 9.3　选择合适的人工智能供应商

在很大程度上，选择人工智能软件供应商和服务提供商的规则与选择信息技术供应商或提供商的规则是一样的，但在人工智能方面会有一些关键的差异，可能带来一些额外的挑战，当然同时也带来了额外的机会。

首先需要回答的一个问题是，我们到底采购什么？对于软件来说，这个问题的答案将取决于技术方法，技术方法是根据现成的、平台的或定制的构建（或这些的任何组合）决定的。软件是大多数事情的中心，特别是在早期阶段，这应该是最初的重点。采购的也可能是试运行所需的现成软件能力，还因为大部分应用程序将从平台构建出来，所以采购的还可能是平台。

在选择软件时，你的组织可能会受到限制，也许是由于 IT 战略规定了特定的标准（如必须以服务的方式运行），或者因为组织希望遵守特定的标准（如不能使用 JavaScript）或一般的采购规则（如第三方公司必须至少有两年的历史）。不过除了这些限制条件，在选择人工智能软件供应商时，还必须考虑以下几点。

1. 能力证明

因为市场上有太多的炒作，许多供应商会夸大自己的人工智能资质，以吸引你的注意力。有些供应商只有最低限度的人工智能能力，却拿来作为其整体解决方案的一部分（也许只在某个地方嵌入了一点儿简单的自然语言理解），然后声称这一切都由"人工智能驱动"。

当然，你真正需要的解决方案不一定需要完全的人工智能，但如果你脑海中有一个特定的应用，你需要确保不要大肆炒作它。通过阅读本书，你将理解人工智能能力，希望这能在很大程度上帮助你实现目标，但如果需要的话，你也可以寻求外部建议。

供应商对系统进行全面的演示是证明其自身能力的一个重要步骤，如果合适的话，它还可以进行小型测试。因为测试和试运行、概念验证一样，通常需要大量的数据和培训才能有效地进行，所以对人工智能解决方案来说，这可能很棘手，如果供应商能在这方面做一些有意义的事情，那么就请接受它的报价。

2. 价值证明

这个阶段你应该已经至少有了一个商业案例的大纲，下一步要了解供应商是如何衡量其解决方案价值的。有些供应商会给你提供一个方法来快速评估解决方案的价值，而有些供应商可能会让你付出辛苦的工作来了解他们的思路（当然，这可能意味着他们将无法从其解决方案中创造价值，这应该被视为一个潜在的警告）。如果供应商确实有一个可以验证你的商业案例的假设模型，那你就接受他们的做法。最关键的是，他们能够展示的价值要尽可能地与你的商业案例保持一致。

3. 参考

收集客户资料应该是一件显而易见要做的事情，但很多企业并没有费心去做（而且后来还会后悔）。像人工智能这样一个不成熟的市场，面临的挑战意味着客户参考资料和案例研究将更加稀缺。你要实现这一目标，决定性的因素是供应商的解决方案和你的要求的契合度、他们的独特性和你的风险承受能力。如果你想引入一个没有现有客户的供应商，那么你也应该看看有什么机会成为他们的"基础客户"，这将在下面介绍。

4. 定价模式

在选择供应商时，商业因素显然是非常重要的，但这并不完全是基础价格（初步报价）的问题。在第 6 章中，我描述了一些正在使用的不同定价模型，你应该探索哪些模型可能与你最相关，以及供应商是否能提供这些模型。对于可变定价，要模拟不同的场景，尤其是当它对商业案例产生实质性影响时：每次应用程序接口调用的价格一开始可能听起来很有吸引力，但如果你的应用非常受欢迎，那么不断上升的成本可能会开始超过收益。此外，还要认真考虑收益分享或风险回报模型，但要确保它们是基于你可以容易测量的真实数字。

5. 文化契合度

尽管你只是购买一些软件，但找到一个与你的公司文化契合度比较高的供应商总是值得的。对双方来说，人工智能项目可能是一个漫长的，有时候甚至是很有压力的旅程，所以你需要知道你们双方之间的一些共同的基础和目的。文化契合度可以简单地通过好感来评估，但也值得尝试进行更客观的评估，尤其是当你希望文化成为选择标准的一部分时。

6. 未来验证

虽然你很难确定所购买的软件是否五年后仍然适用而且能正常工作，但你还是一定要仔细考虑这两点。在上一章中，我谈到了选择错误技术的风险，那些考虑因素可以用到这里。不过，最有可能过时的是技术中比较传统的元素。我们需要询问软件是建立在什么技术上的，以及它依赖于什么技术标准。此时，外部专家的建议可能是很有用的。

### 7. 基础客户端

购买那些其他客户没有使用过的软件，似乎是一个不必要的风险，但选择一个新的供应商可能也有好处，在所有其他条件相同的情况下（你已经测试了供应商能力，技术很好，经得起未来的考验，而且有很好的文化契合度），与一个更成熟的供应商相比，它可能愿意为你提供一些很大的好处，以回报你承担成为他们第一个客户的风险。通常，这些好处相当于很大的折扣，特别是如果你也同意推广你使用的软件。但这也意味着你有机会确定解决方案的发展，并使其更符合你自己的需求。这也将确保你得到供应商最优秀的人员的全身心的投入，而这对于成功实施人工智能是非常重要的。

### 8. 技术要求

不言而喻，技术需要适应你当前的环境，并与你的信息技术标准和战略保持一致。但对于人工智能来说，你还需要考虑的是数据。你的数据是否适合供应商的解决方案？数据的质量是否足够好？数据的数量是否足够多？这些都是在选择过程中必须尽早满足的关键问题。

### 9. 专业服务要求

你最后要考虑的是如何实施供应商的软件，你需要哪些专业服务？谁能提供这些服务（供应商、第三方或你自己的组织）？如果需要第三方，那么要了解有多少供应商可以提供服务，以及哪些服务提供商最熟悉特定供应商的软件。有些供应商可能有合作计划，他们会有经过认证或认可的服务商。如果你已经在开发自己的生态系统，那么将需要确定它们之间有多少共同点。在这个阶段，你显然还需要评估服务的成本。下一节将介绍服务提供商的选择。

## 9.4　选择合适的人工智能服务提供商

在前面关于自动化生态系统的章节中，我还谈到了可能需要的服务提供商的类型，这些服务包括战略、变革管理和实施咨询，在购买这些服务时，它们都有着自己独特的人工智能相关的挑战和机会。

你所需要的每一项服务能力都应该被视为独立的"工作包"，可以单独或分组采购。从整个生态系统考虑，你应该有一个起点，确定要买进哪些能力以及如何将它们组合在一起。例如你可能认为需要购买战略咨询、实施服务和变更管理，但你又认为能够在内部提供支持服务，而且还认为单一供应商可以提供实施服务和变更管理。在这个例子中，你将寻找两个供应商：一个负责战略咨询工作包，一个负责实施服务和变更管理工作包。

在选择过程（或流程）中，这些初始假设应该得到检验，即使它们确实提供了一个有用的起点。因此，你需要在招标书（或你正在使用的任何采购方法）中为供应商提供一些灵活性，让他们分别或合并来对每个工作包进行投标。在采购过程中，你可能会发现一个供应商非常擅长实施服务，而另一个供应商擅长变更管理，在这种情况下，你就可以随时调整你的方法，分别从两个供应商那里购买这两个工作包。

如果不确定是"购买还是构建"，你也应该利用外部供应商来测试你的内部能力（如果你有的话）。在采购过程中，你可以把他们当作投标人，甚至可以提高他们的服务成本。

在寻找潜在供应商时，另一个重要的考虑因素是你的现有供应商或战略供应商。许多大型组织都有首选供应商，你可能必须保持与这些供应商匹配一致。不过，人工智能是一种特殊的技术，所以除非你的现有供应商实际上已经是人工智能专家，否则你应该强烈主张引入具有人工智能必要技能和经验的供应商，来更好地满足你的需求。

战略咨询角色应该是你首先需要考虑的采购因素，因为你需要与你的顾问一起制定自动化战略，基于此战略，再做出许多其他的决定。在这里，选择供应商的有力考虑因素将很可能是稳健、可证明的方法论、独立性和（也许是最关键的）文化契合度。对于其余工作包的采购，无论资源是来自已经建立的供应商，还是软件供应商或承包商（我在下面使用"服务提供商"一词来概括他们），我认为以下是针对人工智能的关键考虑因素：

1. 经验

在实施人工智能方面，很多服务提供商可能很难表现出其真正有深度的经验，原因是因为市场太年轻，所以你需要牢记这一点。当你决定了特定方法和工具后，需要寻找其能力，还要寻找与软件供应商的一些相关合作伙伴关系（见下文）。有些经验是技术上特定的（例如，在某个工具上的技能）；有些经验则更多的是行业上特定的（例如，能够理解电信公司客户数据的能力），实际上，在这两者之间必须做出折中（除非你很幸运地找到完美的匹配）。不过，也有可能你的组织内部已经掌握了数据知识。

2. 合作关系和独立性

你选择了工具和方法，就会希望寻找一个与这些工具和方法有紧密关系的服务提供商。许多供应商与服务提供商有"合作关系"，其关系范围可以从松散的联系到几乎共生，了解这些伙伴关系的紧密程度和历史是很重要的。

在大多数情况下，服务提供商会销售供应商的软件许可证，从而得到软件供应商的奖励。但你也可能希望你的服务提供商是独立于软件供应商的,所以在这里,两者之间要取得平衡。可能最理想的安排是,服务提供商与众多供应商都保持良好的独立关系,并乐于推荐其中任何一家供应商和实施其产品。如果你找不到真正独立的服务提供商,那么你需要依靠你的战略顾问来提供这类服务。

3. 文化契合度

文化契合度在选择服务提供商的过程中经常被忽略,但根据我的经验,这是导致大多数关系破裂的一个因素。因为你的人工智能项目有时可能会很麻烦,你会希望与一个与你的价值观和目标相同的服务提供商合作,并且它的工作人员可以与你的员工融洽地相处。文化契合度这一点可以在选择过程中进行衡量,也可以对其进行非正式评估,总之不应该忽视这一点。

4. 方法

大多数服务提供商都有自己的方法,当然你应该仔细评估和比较这些方法。但是你也应该尝试看看服务提供商的实施过程,以了解他们如何处理不同的挑战,例如测试过程中的问题、数据不佳或数据偏见等。然后你会了解他们的底层人工智能能力。

5. 定价模式

定价很重要,但定价模式也很重要,这一点是与软件供应商一样的。对于服务提供商,有机会引入"收益共享"或"风险/回报"类型的方法,即让提供商分担项目的一些风险,同时也得到一些收益,这有助于使他们的目标与你的目标相一致。这些定价模式面临的挑战是如何获得实用的衡量标准:它们需要足够的通用性,以便与业务成果相关,但又要足够具体,以便可以测量。衡量标准还必须及时,例如,服务提供商不会同意一个只能在两年内衡量的目标。你的战略顾问作为一个独立的资源,应该能够帮助你确定和实施切实可行的关键绩效指标。

6. 知识转移

最后一个考虑因素是服务提供商如何将所有的相关知识转移给你的内部团队。这个假设前提是在未来的某个时刻，你不希望在人工智能能力上依赖于第三方。有些企业希望尽快达到这一点，而有些企业则乐于在需要的时间内保持对服务提供商的依赖。服务提供商将转移到你的团队的知识将包括一系列的内容，并将取决于你与他们的关系和合同，转移的知识可能涉及从服务提供商那里获得知识产权（IP）的一些许可（如方法和工具），但一般来说，知识在你的组织中像影子一样存在着，你的团队因此能获得动手实践经验，当你的员工技能越来越熟练，还引进了新员工时，服务提供商就可以开始逐渐放手，而且随着你的资源增加，他们的参与会慢慢减少直至退出。

还有一个你可能希望参与其中的潜在的第三方，那就是采购顾问，他们是经验丰富的采购专家，可以帮助您选择供应商和服务提供商，他们会帮助你建立采购战略，找到合适的公司进行评估，建立和管理选择的过程，并在谈判上提供支持。

对任何采购顾问的首要要求都是他们的独立性，然后，你应该寻找他们在人工智能和你的特定行业领域的能力。如果他们对人工智能市场的理解不够透彻（毕竟这是一个庞大而动态的市场），那么你可能需要将采购顾问与你的战略顾问组建成团队来做这件事情（或者找一个这两方面的全才）。

对于选择供应商和服务提供商，选择过程需要稳健，又需要有必要的灵活性来处理不成熟的、动态的技术，在这二者之间要取得很好的平衡。如果最初没有做出成功的选择，或者出现了更好的选择，那你就要做好准备来改变计划了。正如老生常谈的那样，要做好"快速失败"的准备。这意味着要确保你与供应商和服务提供商之间的分工协作尽可能灵活，同时也要体现出你对他们的承诺。你要与你的采购部门紧密合作，确保他们理解人工智能项目的特殊性，以及可能对他们常规方法提出的要求。

现在，我们已经有了引入必要的第三方的方法，下面我们需要看看内部组织、技能以及可能需要的人员了。

## 9.5  建立一个人工智能组织

在建立组织能力来管理人工智能（和其他自动化）工作时，你需要考虑许多事情。所有这些事情都将取决于你的人工智能目标。还记得在第 6 章中我强调的，作为构建自动化战略的一部分，了解你的最终人工智能目标是多么重要：你是想简单地"轻触人工智能"来改进一些流程，转变你的职能或业务，还是要创造新的业务和服务线？假设你是在这个范围的中间位置，也就是说，你想通过人工智能来改善流程和改造你的某些业务领域，那么你将需要组建一个团队甚至是一个卓越中心，以确保成功并从努力中获取最大的价值。

在本节中，我将描述人工智能卓越中心的样子。基于自己组织的技能、能力和战略目标，你应该能够评估哪些元素是和你相关的，你自己的卓越中心可能是什么样的。我还将介绍如何将它整合到公司的整体组织中。

对自动化卓越中心来说，很重要的是要有一个使命，这将描述其目的并帮助他人理解。你能够从中找到与你自己的要求和公司目标最相关的词汇，但一般来说，卓越中心的使命应该聚焦在推动引入和使用人工智能技术这件事上。它作为中央控制点，对正在进行的项目，评估其人工智能技术和监测其过程。也许最为重要的是，它会给企业内部实施人工智能解决方案的项目和团队提供领导力、最佳实践和支持。

除了人工智能的战略目标，决定卓越中心规模和结构的两个关键投入是人工智能热度图和路线图。这两个图将列出针对自动化的功能、服务和流程，并给出推广它们的可能的优先级。你需要考虑的具体方面包括部署的不同技术、解决方案的复杂性以及将要利用的数据的当前状态。

自动化（尤其是人工智能）卓越中心的角色一般包括 4 个主要功能：卓越中心管理、整体架构管理、实施团队和运营。其中一些角色，特别是实施团队的部分角色，可以由第三方供应商或厂商提供，特别是在建立卓越中心的早期。以下是一些组织如何构建自动化卓越中心的指南，但显然这可以根据自己的需求进行调整并与公司文化保持一致。

1. 管理团队

理想的情况是，管理团队应该以相对较小的规模起步，但应至少包括一名经理和一些有项目管理能力的人员。经理应该负责整个卓越中心和人员的分配，以及整个组织内部和向上的沟通（以后可以由内部沟通专家负责沟通）。在项目的管理和控制方面，该团队（一开始可以只有一个人）应负责卓越中心所有不同的人工智能项目的规划、项目管理、资源跟踪和报告，另外该团队通常负责的其他主要领域包括协调对卓越中心成员和系统用户的培训和教育。

2. 架构师团队

负责商业计划书制订和解决方案的是架构师团队。最好由了解业务功能和流程以及技术方面的人领导这个团队，该团队将在更广泛的范围内研究自动化的机会（因此他们将控制人工智能热度图），并为每个机会创建商业案例，界定初步的工作和技术范围，所有这些都将与实施团队的主题专家（或流程所有者或业务分析师）密切合作完成。

架构师团队将负责管理一系列的机会，确保能在整个业务中主动寻找和获取这些机会。这个团队还包括技术架构（除非信息技术部门保留此角色）、数据科学家（如果需要）以及客户体验管理人员。

3. 实施团队

实施团队是卓越中心大部分资源所在，它将由多个项目组组成，每个项目组都专注于一个特定的解决方案。根据每个项目的规模和复杂程度，项目组成员可能包括：项目经理、项目架构师、开发人员（负责导入和培训数据、创建和配置模型）、中小企业 / 业务分析师 / 流程所有者（进行解决方案设计及验证）和质量保证人员。在适当的情况下，还可以为项目分配专家资源，如客户体验专家、语言学家、网络开发人员和集成开发人员。

敏捷开发方法是最适合构建人工智能解决方案的。敏捷的具体类型（如 Kaban、Scrum）（译者注：这是迭代式增量软件开发过程，通常用于敏捷软件开发）并不是那么重要，只是开发人员和中小企业紧密合作、快速迭代。正因为这一点以及人工智能的变革性，实施团队的成员（以及一般的卓越中心）应该具有超强的业务和技术知识组合的技能。对于会提出额外控制要求的受监管流程，会有许多敏捷方法试图满足这些要求，包括 R-Scrum 和 SafeScrum。

有几种不同的方式可以处理对于已经发布的应用程序的支持和维护（修复错误和进行增强）：对于小规模的项目，原项目团队可以继续承担支持的责任；而对于大的或更复杂的项目，应该建立一个单独的支持团队。因此，年轻或小规模的卓越中心应在实施团队中承担支持责任，而规模较大、较成熟的卓越中心通常会为此建立一个新的团队，或将其嵌入运营团队作为它的一部分。

4. 运营团队

运营团队将负责实时系统的部署、测试、更新和升级，他们还将负责人工智能解决方案与其他系统的技术整合。对于习惯于采用DevOps方法（即运营和开发资源作为一个整体的团队工作）的组织，运营团队的大部分将归入实施团队。

正如我前面提到的，上面描述的团队只是作为一个指南，你可以根据自己公司的要求和实践进行灵活调整。设立卓越中心时，另一个要考虑的是它如何融入公司的整体组织结构。

一些公司，如英杰华银行（Aviva Bank）、克莱德斯代尔银行（Clydesdale Bank）和约克郡银行（Yorkshire Bank），建立了"实验室"或"创新中心"环境（实际上 Aviva One 被称为数字车库）。它们都是有用的工具，可以围绕这些举措引起人们更多的关注，并培养创新文化，这些环境通常专注于创意的早期发展。卓越中心则更倾向于实践，并包含大部分能力，用以识别、建立和运行新技术计划。

特别是对大型组织而言，是建立一个单一的、集中的卓越中心，还是将能力分散到各个部门或业务单元，同时保留一个中央控制功能，是个关键的考虑因素。至少在最初的时候，通常对人工智能最有效的方法是保持一切尽可能地集中。这有以下几个原因：

首先，早期的人工智能计划的推动力和势头通常来自于业务的某个领域（因为需求最大、机会最多、管理层最热衷等），这可以形成卓越中心的起源。当其他业务单元看到这个领域正在产生收益时，他们就可以利用现有的能力，而不必自己从头开始创建。

其次，一个不参与日常运作的"独立"团队更有可能识别并实施转型变革。如果任由各业务部门自行其是，他们很少会考虑所有可用的机会，而只会专注于简单的流程改进。这两个机会类型都是有效的，但人工智能在转型变革方面有很多优势，因此能够在每一个机会中都加以推广。

最后，你需要考虑的因素是，针对工业化人工智能能力的组织结构，是否要任命一位高级管理人员来监督这一切。

许多大公司，特别是在金融服务部门，已经有了首席数据官（Chief Data Officer，CDO）。这个角色负责在企业范围内把信息作为资产（包括在某些情况下的创收要素）来管理和利用。对于一些公司来说，如美亚保险（Chartis）、好事达（Allstate）和富达（Fidelity），首席数据官对公司的整体战略有很大影响。

一个相对较新的职位是首席自动化官（Chief Automation Officer，CAO），这个职位有时也可以称为首席机器人官或首席人工智能官（Chief Artificial Intelligence Officer，CAIO）。这个角色应该尝试将自动化以及人工智能嵌入到企业战略的中心。与首席数据官或首席技术官（Chief Technology Officer，CTO）相比，首席自动化官的视野更开阔、更具前瞻性，他们会比首席信息官更倾向于关注自动化的商业机会（一些分析师认为，CAO 比 CIO 可能更适合升任 CEO）。

首席自动化官还是比较少见的，这可能是在一定时期内需要的一个角色，他可以启动和运行自动化并使之牢牢地嵌入到一个组织中，然后将这些责任重新吸收到（归还给）日常业务部门。

尽管有很多关于首席人工智能官这个角色的讨论，但在写这篇文章的时候，我还没有发现有任何组织拥有首席人工智能官。同样，这可能是一种短暂的需要，许多人对是否需要在董事会中设立这种职位持怀疑态度。在一个公司里，也许首席数据官或首席自动化官（如果公司中存在的话）能够专门负责人工智能工作。

无论企业选择引入首席数据官、首席自动化官还是首席人工智能官，执行这些职位的人都需要具备一些相当特殊的能力：他们至少要对技术和数据基础设施有必要的理解；由于自动化的机会可能存在于整个企业中而且需要多个部门的合作，他们需要能够跨职能工作；他们需要在企业内部表现得像企业家；他们需要有行业地位和人际关系技能，以吸引和留住最好的人才。这确实是一个很实在的能力清单。

现在我们已经理解人工智能、创造人工智能和在人工智能企业中开展产业化，至此走到了人工智能之旅的尽头。在本书中，我特别关注当今人工智能能为组织做些什么，以及可以采取哪些实用的方法来利用这项技术的内在价值。现在，我们是时候要展望未来了：人工智能可能会如何发展，它将创造哪些新的机会和带来哪些新的风险，以及我们如何最好地规划它以从中获得最大的收益。

## 9.6　数据科学家的观点

我（AB）有幸采访了理查德·本杰明（Richard Benjamins，RB），当时他在西班牙电信公司 Telefonica 旗下的 LUCA 公司担任外部定位和社会公益大数据总监，现在他是全球保险公司安盛（AXA）集团的首席数据官兼数据创新实验室负责人，以下是采访中的对话摘要。

AB：西班牙电信公司是个数据主导型企业，你在其旗下的 LUCA 公司担任职务时，一定深知将大数据用于人工智能应用的内在价值及其挑战，能告诉我更多这方面的情况吗？

RB：首先，我们得看下数字。6 年前，麦肯锡（McKinsey）曾估计大数据将为医疗保健带来 3000 亿美元的价值，为欧洲公共部门带来 2500 亿欧元的价值，而在 2016 年底的最新数据中，他们又估计实际价值比这两个数字高 30%。

但是这些都没有告诉你应该如何从自己的大数据中获得价值，以及如何衡量这些大数据，这也是那些希望能够实现价值的组织所面临的最大挑战。我认为有四种方法可以让你获得这种内在价值。

第一，也可能是最简单的方法，你可以使用 Hadoop 等开源工具，使得用于管理大数据的信息技术基础设施的成本降低。这可以节省大量的资金，而且很容易衡量。

第二，大数据可以用来提高企业的效率，也就是让你能够少花钱多办事。

第三，从你现有的业务中产生新的营业收入来源，不过这可能是一个挑战，因为很难知道从哪里开始着手，也很难衡量价值。

价值的最后来源是通过大数据创造全新的收入流，也就是以数据为中心的新产品，或者通过从数据中创造洞察力来帮助其他组织优化他们的业务。

我相信，在未来几年，大数据价值的主要来源将是业务优化，即通过将企业转变为数据驱动的组织，进行数据驱动的决策。

AB：那么，如何通过大数据来开始开展业务优化呢？

RB：这是一个很大的挑战。当然，你应该有一个基础案例，并比较前后的差异，但开展大数据工作很少是做某件事的唯一原因，所以很难把价值分离出来。不过有两种方法可以提供帮助，第一种是做一个细分实验，例如，有一组客户正在通过大数据进行分析，而另一组客户则没有（甚至还有另一种使用不同方法的组）。第二种是用大数据做一些从来没有做过的事情，这样你就可以直接把结果和你的基础案例进行比较了。

不过从我的经验来看，成熟的组织都知道大数据的价值，不会过分执着于试图测量每一点价值。当企业达到了大数据已经成为常规业务的阶段，那么各部门之间的互动方式就会发生改变，价值也就会自然而然地产生。

AB：为了管理所有这些数据和价值，首席数据官的角色一定是至关重要的吧？

RB：肯定是这样的。我们看到越来越多的企业开始拥有首席数据官。根据我看到的一项调查，2012 年只有 12% 的企业拥有首席数据官，而现在的比例升至了 54%。

首席数据官在企业中的位置还是一个未知数，但它每年都在向CEO 级别靠拢，以西班牙电信公司为例，在 5 年前首席数据官比CEO 低 5 个级别，但现在它直接向 CEO 汇报。

对于首席数据官来说，最好的职位是他们能跨越不同的职能或部门，这样他们的角色和目标就不会由一个部门来定义。这个职位向首席运营官（Chief Operating Officer，COO）汇报可能是一种很好的平衡，因为这样该职位会拥有良好的跨职能部门的能力。

AB：大数据显然与人工智能密切相关，人们是否会在这两个术语之间产生混淆？

RB：人工智能这个词可以用于很多事情，包括大数据和机器学习。围绕人工智能的炒作可能是有用的，因为炒作可以增加人们的兴趣和注意力。但重要的是要记住我们正在谈论的东西。人工智能不仅仅是构建精彩的应用程序，它也涉及一些基础问题，有关人们如何思考问题、如何解决问题以及如何处理新情况。当人们思考人工智能时，我认为考虑这三点很重要：第一，人工智能可以解决过去只能由人完成的复杂问题；第二，我们今天认为的人工智能可能只是商品软件；第三，人工智能可以帮助我们揭示人类是如何思考和解决问题的。

请记住，从大的方面来说，人工智能仅仅是一个开始……

# 第 **10** 章

## 人工智能的未来发展

## 10.1　引言

本书一直侧重于介绍在现阶段，高管需要做什么来开启他们的人工智能之旅。这没错，但掌握人工智能未来的发展趋势也是很重要的。企业需要尽可能地做好准备，以便在未来利用某一些突破乘胜追击，并缓解风险的进一步扩展。

在这最后一章里，我试图预测人工智能的近期前景。当然，这只能猜测，但我希望这种猜测是有根据的。首先，本书中讨论过，哪些人工智能能力最有可能会蓬勃发展和茁壮成长，换句话说，哪些能力需要密切关注是否会有重大发展。

然后，我将预测人工智能何时能成为"业务常态"，也就是说，当我们不再把它作为一种新兴事物来谈论的时候，就像现在外包已经很普遍，而且成为管理者用来部署工作的另一种简单的工具。本节涵盖了一些关于人工智能及其在商业中的应用的简单预测。

最后，我会提出一些关于如何让你的业务适应未来发展的建议（提示：其中包括人工智能），以此作为本书的结尾部分。

## 10.2　人工智能的下一个机遇

在第 3 章中，我描述了人工智能的核心能力，然后在第 5 章中，我列举了大量的例子，用来说明在今天企业是如何使用这些能力的。但是，随着技术不断发展进步，这些能力的发展速度、准确性和价值会随之逐渐增加，而且可能会不断加速。当然，我很乐意看到人工智能能力都得到发展。

在本节中，我将预测这些核心能力在未来几年内会如何发展：一些能力将加速发展，而另一些可能会在发展道路上遇到一些坎坷。

1. 图像识别能力

人工智能图像识别能力在过去几年里已经取得了巨大的进步。在未来几年，随着更多的图像集用于训练，它的发展将继续保持这种强劲的步伐，更好的算法、更快的处理器和无处不在的存储能力都将有助于提高图像识别的准确度，同时还能标记移动图像。在这一领域内，我们已经取得了一些进展，但我认为，电影、视频片段以及 YouTube 影片中的物体应该都可以被自动、有效地识别和标记出来，我们能够看到这种能力，例如，你可以在所有在线电影中搜索一辆 DeLorean 汽车的图像，然后精确返回到这辆汽车出现的电影中的画面。

除此之外的下一个发展方向将是识别影像中的人脸，就像如今的谷歌图像处理功能 Google Images 和苹果的图片应用 Photo 可以识别静态照片一样。作为一个乐观主义者，我希望图像识别在医疗上的应用，例如在放射学中的应用，能真正开始起步：它们将对社会产生巨大影响，因此是值得推广的。

让人工智能系统相互博弈（或比拼）的技术，称为生成式对抗网络（Generative Adversarial Networks，GAN），它能够使系统从无到有开始创造新的图像。简单来说，一个系统在经过最初一段时间的训练后，会创造出一个新图像，而另一个系统会尝试解读这个图像。第一个系统会不断调整图像，直到第二个系统得到正确答案。这种技术也可以用来为视频游戏创建场景，或者用来消除过于像素化的视频图像产生的模糊。

图像识别必须要处理好识别上的偏见问题，否则在著述的时候，这些问题就会凸显出来。确保无偏见的图像集应该是所有人在创建和控制数据时的责任和任务，而不应该在事情出错后才关注这个问题。

2. 语音识别能力

从亚马逊的 Alexa、谷歌的 Home 和苹果的 HomePod 等美国生产的家用设备中可以看出，人工智能语音识别能力已经非常强大，虽然也有很多语音识别技术应用并不成熟的例子。我预测，这种能力在B2B（企业对企业的商业模式）的环境中会变得更加普遍，例如，它可以助力于人力资源服务平台或房间预订系统。

实时语音转录在可控的环境中（一个安静的办公室，配上耳机上的传声器）已经有了相当好的效果，并且随着传声器技术的进步和更好的算法，语音识别将在更多样的环境中发挥作用。

在第 8 章中关于恶意行为的部分，我谈到了语音克隆的问题。只要这项技术能够趋利避害（或者说想用它做善事的人能够领先黑客一步），那么它就有可能帮助许多有发声障碍的人。

3. 搜索能力

人工智能搜索能力于 2017 年迅猛发展，尤其在法律等专业领域。市场上有许多非常有能力的软件供应商，他们希望采用人工智能的某些能力，这对市场来说意味着有积极意义的引入。不可阻挡的是，算法将变得更好、更准确，但我认为搜索能力的未来是：作为更多样化和广泛的解决方案的一部分，无论是通过扩展其自身的能力（例如能够自动回复客户的电子邮件），还是嵌入其他系统（例如作为保险索赔处理系统的一部分）来实现。

4. 自然语言理解能力

自然语言理解与语音识别和搜索都有密切联系，其发展得益于这两方面的进步，特别是在实时语言翻译等领域。但我认为，对于智能聊天机器人的大肆宣传炒作和对其过高的期望将对该应用产生不利影响。我预测，在智能聊天机器人开始被大众所接受并普遍使用之前，可能会出现大众对聊天机器人的反感。那些正确应用聊天机器人的公司（即进行与之对应的适当的培训，并将技术正确运用到案例中）是可以成功的，但那些试图走捷径的公司将面临加速而来的反噬。

在未来几年内，我们将看到专注于自然语言生成的自然语言处理子集取得长足的进步，并因此得到更广泛的应用。这将受益于人们会更广泛地接受人工智能生成的报告，特别是在它们为人们的生活带来真正价值的情况下，例如个性化的超本地天气预报。随着越来越多的数据可以公开使用，更多关于如何从数据中提取价值并使用自然语言传达洞察力的想法将会涌现出来。

5. 聚类和预测能力

这里可以将聚类和预测能力放在一起考虑。在大数据的使用上面，将会发生两件事：首先，随着"数据意识"越来越强，企业会开始更好地利用所拥有的数据以及公开的数据；其次，随着算法变得更加高效，数据将变得"更加干净"，数据偏见也会越来越少（希望是这样），我们可以利用比现在少的数据从人工智能中获得所希望的结果。

金融服务将是预测的主要受益者，越来越多的公司（不仅仅是全球性质的银行）使用人工智能预测能力来打击欺诈行为，以及配合销售产品和服务，交叉销售和向上销售将成为零售商的常态。

这两种能力所面临的挑战是：我们能否有效、合乎道德地利用它们。对一些企业来说，增加点击量和提供有针对性的广告是有意义的，但这些永远不会改变客观事实，而且无疑会使许多客户的体验感变差。当然，围绕着数据偏见和"天真"的问题仍然存在，每个案例都需要解决这个问题。

6. 优化能力

在我看来，优化能力是所有人工智能能力中最有前途的。在风险建模和流程建模领域中，使用强化学习所做的工作［这是阿尔法狗（AlphaGo）胜利的核心］有着巨大的潜力，展示了能源费用可以大幅降低的例子，如谷歌的数据中心，表明优化在各个领域都有广泛而重要的应用。

目前，人工智能最大的制约因素之一就是无法获得有正确标记的和高质量的数据集。我在前面提到的 GAN（生成式对抗网络），具有使人工智能系统学习未标记的数据的潜力。实际上，它们是对未知数据做出假设，然后由对抗系统进行检查（或者更准确地说是质疑）。例如，它们可以创建"假的但真实的"医疗记录，用以训练其他人工智能系统，这也可以避免棘手的患者信息保密的问题。但我们仍然要把强化学习和 GAN 称为"实验性"的人工智能技术，因为可能在几年内还看不到这些技术应用到日常工作和生活中。与此同时，优化系统可以代表我们做出重要的决定，包括候选人是否应该在入围者名单里面，或者是否能够获得贷款批准。我认为，这里的主要进步在于如何使用优化系统，而不是在底层技术方面取得重大进步，我们需要关注的关键领域将是消除数据偏见和提供一定程度的数据透明度。

7. 理解能力

在展望未来的时候，我们有必要考虑一些围绕理解的问题。我在第 3 章中说过，理解作为一种人工智能能力，仍然主要集中在人工智能实验室中，并且可能会存在很长时间，甚至可能永远走不出实验室。说到这里，持续学习是一个值得关注的非常有趣的发展领域。目前，深度思考（DeepMind）公司正在开发一种方法，旨在避免"灾难性遗忘"。灾难性遗忘是人工神经网络的固有缺陷，这意味着为做一件事而设计的一个系统将无法学习做另一件事，除非这个系统完全忘记如何做第一件事。

因为人脑的学习方式是渐进式的，能够将从一种经验中学习的成果应用到另一种经验中，但人工神经网络是极其专业化的，只能学习一种任务。DeepMind 公司开发的方法，使用了一种他们称之为弹性权重巩固（Elastic Weight Consolidation，EWC）的算法，允许神经网络将权重附加到某些对学习新任务有用的连接上。到目前为止，他们已经在雅达利（Atari）视频游戏中证明了这种方法的有效性，该系统一旦在不同的游戏上进行过训练，就能够在这些游戏中表现得更好。

有很多实验室都在研究通用人工智能，弹性权重巩固可能是目前让我们最接近通用人工智能的一次机会。

## 10.3　人工智能何时走进我们的日常

在上一节中，我谈到了期望在未来几年中看到每一种人工智能能力都能得到发展。在本节中，我希望能够概括这些预测，并着眼于研究围绕人工智能的更广泛的应用情景。具体来说，我将聊聊人工智能何时（如果有的话）会成为"日常业务"的问题。

　　了解任何技术成熟度的传统方法是看它在加德纳技术成熟度曲线（Gartner Hype Cycle）中的位置，加德纳技术成熟度曲线是一个很好用的图表，它绘制了一项技术的生命周期，从最初的"技术触发器"，到上升发展流行普及阶段，再到"期望膨胀的峰值"，然后下降到"幻灭的低谷"，之后通过"启蒙的山坡"复苏，最后达到"生产力的高原"，正是这个最后阶段，可以定义为"日常业务"。

　　在这条技术成熟度曲线上绘制人工智能的挑战在于，人工智能是由许多不同的事物组成，可以用许多不同的方式来定义。我们可以绘制一些单独的能力，如自然语言理解（正走向幻灭的低谷阶段），或一些技术，如机器学习（正处于期望膨胀的峰值阶段），或生成式对抗网络（处于技术触发器的阶段）。不过概括地说，大多数基于机器学习的人工智能技术几乎都达到了"期望膨胀的峰值"阶段，因此正要步入"幻灭的低谷"阶段。

　　"处于低谷"并不意味着每个人都会因为技术不再发挥作用而放弃它，事实上，情况通常恰恰相反，企业会继续快速开发，并且在创造新的应用和案例方面做大量的工作。只是整个企业和社会对技术的看法会发生转变，大肆宣传和炒作会减少，人们对人工智能的态度会更清醒、更慎重。在"幻灭的低谷"阶段最好的事情是，大家的期望值都变得更加现实了，所以这肯定是一件好事。

　　人工智能在低谷中停留的时间将取决于许多因素。我在第 2 章中描述的四个关键驱动因素（大数据、廉价的存储、更快的处理器和无处不在的连接）将会继续沿着目前的轨迹发展，大数据可能是通过或突破低谷期的一个领域。

　　我认为，公共数据更广、更深的应用将是人工智能成为主流应用，并更快达到"生产力的高原"阶段的主要原因之一。但这也面临着挑战，因为科技巨头们囤积着自己从数十亿"客户"（顺便说一下，更准确的说法应该是供应商，因为他们提供的所有数据，都被科技公司用来向广告商，也就是他们的实际客户出售广告位）那里获得的专有数据集。

但即使是他们的数据也会变得更加难以获得，因为在数据提供者（你我）和用户（科技巨头）之间存在着共谋交易，并且一直持续着，尽管数据不断被误用、滥用或黑客攻击的例子所侵蚀。很明显，为了让他们的数据供应源源不断，科技巨头们需要采取一些措施：使用数据时，在效用、信任和透明度之间保持平衡，提高透明度通常可以弥补较低的信任度。

一旦我们从科技巨头那里获得了更多的公开数据和更高的透明度，我们就可以开始利用这些数据之间的所有联系。例如，我们不仅可以拥有公共交通数据，还可以引入我们的个人数据，其中可能包括我们对出行方式的固有偏好（当然，这些可以是手动设置的，但最好是从实际的、实时的行为中提取信息，而不是以我们认为的自己一年前喜欢的方式）。

这种超本地化、超个性化信息的想法，很可能是人工智能的优势被广泛接受的关键所在，已经可以从一些例子中看到，如超本地化的下一小时天气预报、超个性化的服装推荐。然而，真正有用的是将所有不同来源的数据整合在一起，根据个人需求和环境提供定制化信息，从而提高用户体验和满意度，这将改变游戏规则。

如果消费者认为有用的数据是可信的和透明的，那么他们就更有可能允许企业公开访问这些数据，从而进一步提高数据的效用（现在消费者会有心态上的变化，他们知道自己的数据被利用而不会提出太多问题，因为通常觉得能得到一些益处）。而企业也将从中受益，可以利用同样的"这三个特征数据"方法来帮助更好地运营企业内部，如销售人员可以获得更准确的信息，其他的快递员、餐饮业者、人力资源经理、高管等同样可以获得所需的信息。

因此，数据的使用很大程度上依赖于信任程度，它将由数据获取和使用方式的透明程度决定，而其他可能会导致推迟人工智能达到"生产力的高原"阶段的情况是人们可能会普遍反对这项技术，特别是当工作的数量和类型开始受到实质性影响时。

但是，目前广泛应用人工智能的最大挑战之一实际上是缺乏有技术和有经验的人才。随着科技巨头和人工智能组织（如 OpenAI）正在争夺这些稀缺人才资源，数据科学家和人工智能开发人员将成为超级明星（拿着超级明星的薪水）。包括世界各地教育系统在内的技术人才供应渠道，需要时间来适应这种稀缺状态，而在线培训课程等快速解决方案则能够立即缓解这一问题。

人也会在需求方面有所作为。众所周知，千禧一代人是伴随着许多技术成长起来的，既熟悉又依赖这些技术。他们会不假思索地采用新的人工智能应用，并且在我所描述的一些道德伦理方面遇到的问题更少［实际上这只是一种概括，你只要读一下本书第 8 章中对丹尼尔·赫尔姆（Daniel Hulme）的采访，就会意识到有一些人深切关注着人工智能的危险性，也同时关心着它如何能够使世界受益］。

因此，人工智能的客户将对该技术的使用产生更大的影响。可以说，人工智能目前是一个由供应商驱动的市场：由于人工智能可以做一些事的事实才产生了市场上的创新和想法，而不是因为它需要做这件事。随着人们对人工智能的能力越来越熟悉，以及在社会和工作场所使用人工智能的例子越来越多，在未来几年里，这种"可以做"和"需要做"之间的平衡将会慢慢改变。

随着人们熟悉并依赖 Google Home、亚马逊 Alexa 或苹果 HomePod 设备，像语音识别尤其是语音身份认证这些应用，已经成为一些人日常生活的一部分。一旦这项技术进入商业环境，例如人力资源服务平台，我们将开始看到人工智能有苗头成为"日常业务"。

目前，人工智能产品供应商尝试并销售的"全面的家庭连接"梦想还远未达到预期：市场上有很多不同的产品和标准，它们很少能协同工作而且可能很难设置，但种种迹象表明，无缝、轻松地使用人工智能来帮助我们管理家务指日可待。因此，人们期待在工作时也有相同的体验，这将推动人工智能在商业领域的进一步发展和更广泛的接受程度。

创建"纵向"的人工智能解决方案，在我看来是一个最有趣的发展。这种情况把许多不同的人工智能（和相关技术）能力整合在一起，以解决特定领域的特定挑战，例如金融服务、人力资源和医疗保健。目前正在开发的许多人工智能"解决方案"都不是完整的解决方案，它们只是着眼于某项非常具体的功能或服务，而这些解决方案很快就会被商品化或嵌入到企业现有的系统中。然而，"全栈式"纵向解决方案将以人工智能为核心，并专注于通过使用人工智能更好地满足高层次客户的需求，或用于发现只有使用人工智能才能满足的新需求。这些解决方案将采取更全面的方法，并像利用技术知识一样利用主题专业知识。在我看来，一旦我们开始看到越来越多的这种类型的解决方案，人工智能就会越快地成为企业的"日常业务"。

人工智能能否进入"生产力的高原"阶段，还将取决于企业的组织结构如何改变以适应人工智能的发展。已经有一些企业建立了自动化（和人工智能）卓越中心（我在第9章中讨论过），这些中心在未来几年将变得更加普遍。不过，当企业不再需要这些卓越中心时（也就是视人工智能为正常的业务方式时），人工智能才能被完全接受。到那时，我们不会再有人工智能专业人才，每个人都将是拥有人工智能技能的通用人才。就像在20世纪70年代，只有一些人从事着"计算机工作"，而现在每个人都可以"与计算机一起工作"，以后人工智能也将如此。

人工智能有一个略带诙谐的定义，叫作"未来 20 年之内的任何事物"。这可能有一定的道理，我们现在所拥有的、每天都在使用的人工智能能力，在 20 年前看来就像黑魔法一样，然而我们现在并不真正认为它是人工智能。我们总是在期待着闪亮的新兴事物的出现，然后可以贴上人工智能的标签，所以试图预测人工智能什么时候会变成"日常业务"，几乎是一种自欺欺人的做法。不过，我在这一节中试图找出那些将标志着人工智能（我们今天所认为的）何时达到"生产力的高原"阶段的事情。但如果你的企业一直等到那个阶段才去研究或采用人工智能，那就太晚了。现在是开启你的人工智能之旅的时候了：让你的企业面向未来，以便你能够抵御并预先准备好迎接人工智能驱动的新的业务模式和机遇。人工智能是大势所趋。

## 10.4　面向未来的业务

在本书的第 1 章，我就恳请大家"不要相信大肆宣传和炒作"。在随后的 9 个章节中，我希望提供一个实用指南来指导你如何接近人工智能，使你尽可能地了解形势并做好准备。我也希望你现在和我一样，对人工智能给业务和社会带来的好处感到兴奋，并看到人工智能如何给你的公司带来收益。

但我希望你从中得到的最重要的信息是：每一家公司，每一位高级管理人员，都需要在现在就考虑人工智能的应用。这项技术的发展已经突飞猛进，速度只会变得越来越快，它将把那些等待的人抛在后面。现在是时候开启面向未来的业务了，以便从人工智能中获取全部价值。

这个过程分为三个主要阶段：了解可能性的艺术、制定人工智能战略、构建人工智能能力。

### 1. 了解可能性的艺术

这是让你的业务面向未来的第一个阶段。通过阅读本书，你会向前迈出重要的一步，但你还应该阅读许多非常不错的书籍和利用有用的资源，例如互联网上的许多免费资源。当然，互联网上的劣质资源明显多于优质资源，但是诸如 Wired、Quartz、Aeon、Disruption、CognitionX、Neurons、麻省理工科技评论、经济学人、卫报和纽约时报等网站都是非常好的起点。你还应该考虑参加一些研讨会（现在有大量的自动化和人工智能会议），也应该报名参加人工智能大师班和（或）新手训练营。

当然，"可能性的艺术"应该以某种程度的现实主义为基础。因此，重要的事情是去了解其他企业正在做什么，特别是同一行业或面临同样挑战的企业。在这方面，顾问（比如我们）相比那些公开提供的见解往往会更有远见，所以寻求顾问的帮助是很有用的。顾问还能够就可以做的事情向你提出质疑，并帮助你"敞开心扉"，来迎接所有可用的机会。

在这个阶段，你可以做一些有用的思维实验，包括想象像你这样的一家公司十年或二十年后会是什么样子，或者尝试想象你将如何从头建立和你有相同的商业模式的一家公司：你需要哪些核心的东西，你可以放弃哪些东西，哪些东西可以通过自动化来实现？举办"创新日"活动也可以发挥作用：这些活动将把企业的利益相关者聚集在一起，聆听可能性的艺术（来自经验丰富的第三方），人工智能供应商也可以演示他们的解决方案。所有这些都将激发新的想法，并可以将其纳入到人工智能战略中。

### 2. 制定人工智能战略

继最初的思考之后，下一阶段将全部与制定人工智能战略有关。

本书中有很大一部分内容详细描述了这个过程，所以我在这里就不赘述了。我想说的是，该战略应围绕识别和应对现有的问题和挑战，以及发现人工智能可带来的新机遇来制定。

在任何业务中，创造和实现创新都绝非易事，这需要时间和精力，还需要有计划的投资和明确的任务。对于人工智能来说，你可以建立一个小型工作团队来专门负责这项工作，也可以依靠内部已经具备的创新能力。后者的风险在于，你可能会遇到"最低公分母"（译者注，最低公分母是形容内部创新能力不足），从而错过一些较大的人工智能机会。而其优势在于，你可以调用额外的资源和其他技术，这些资源和技术可能对你的解决方案很有帮助。

关于任何实施创新的项目，特别是人工智能项目，需要记住的重要一点是，文化的转变是必要条件。人们需要以非常不同的思维方式思考问题，但这可能会使他们对如何经营企业的许多核心信念提出质疑，因此也要准备好迎接一些激烈的讨论。

3. 构建人工智能能力

业务开始面向未来的最后一个阶段是建立人工智能能力。根据你的人工智能战略，构建一些人工智能系统原型将是对人工智能的第一次真正测试，这也是让许多人第一次看到人工智能在你的业务中发挥作用。这一改革行为将产生深远的影响，并将成为整个业务发展的强大催化剂。你应该充分利用这个机会展示人工智能的优越性，并带动其他业务共同发展。

为了技术的新发展，你应该时刻做好准备。人工智能总是在不断进步：几十年前我们没有想到的进步如今却与我们如影随形，你需要了解这些进步，它们如果和你的业务相关，你要做好准备将其引入到企业内部。建立人工智能或自动化的卓越中心，或许还需要外部顾问的支持，以确保能不断挖掘市场潜力和尽快捕捉所有潜在的机会。

有些企业有了一些人工智能系统原型后，将人工智能的颠覆性力量提升到了一个新的水平，并建立了横向的数字化业务。这些业务实际上是与传统业务竞争，因此不会受到现有系统或文化的束缚。即使你没有创建一个新的业务部门，这种健康的竞争心态也有助于发挥技术的全部潜力。

## 10.5　最后的感想

　　这本书写得很精彩，我希望至少让你读起来觉得是有趣的而且是发人深省的。我想，你现在已经做好了更充分的准备，也掌握了更多的信息，那么接下来你可以在你的业务中开启人工智能之旅了。

　　这段旅程不会是轻松的，用新技术颠覆任何业务都会面临很多挑战，但因为有回报，这肯定是值得进行的。要知道，你的所有竞争对手都会考虑人工智能如何帮助他们的业务，但优势将属于那些现在就开始行动的人。正如我在前面章节所说的，如果你在等待一个成熟稳定的人工智能市场，就为时已晚了。

　　感谢你花费宝贵的时间来阅读本书，如果你需要任何进一步的帮助或建议，你知道在哪里可以找到我。但现在，请放下书本，去开始你的人工智能之旅吧！